住房城乡建设部土建类学科专业"十三五"规划教材

"十二五"普通高等教育本科国家级规划教材

高校建筑学专业指导委员会规划推荐教材

建筑构造（上册）

（第六版）

BUILDING CONSTRUCTION

（Part 1）

重庆大学

覃 琳 魏宏杨 李必瑜 主编

中国建筑工业出版社

图书在版编目（CIP）数据

建筑构造（上册）/覃琳，魏宏杨，李必瑜主编．—6 版．—北京：中国建筑工业出版社，2019.1（2024.6重印）

住房城乡建设部土建类学科专业"十三五"规划教材．"十二五"普通高等教育本科国家级规划教材．高校建筑学专业指导委员会规划推荐教材

ISBN 978-7-112-22974-1

Ⅰ.①建… Ⅱ.①覃… ②魏… ③李… Ⅲ.①建筑构造-高等学校-教材 Ⅳ.①TU22

中国版本图书馆 CIP 数据核字（2018）第 266672 号

责任编辑：时咏梅　陈　桦　王　惠
责任校对：王雪竹

为了更好地支持相应课程的教学，我们向采用本书作为教材的教师提供课件，有需要者可与出版社联系。

建工书院：https：//edu.cabplink.com/index
邮箱：jckj@cabp.com.cn　电话：01058337285

住房城乡建设部土建类学科专业"十三五"规划教材
"十二五"普通高等教育本科国家级规划教材
高校建筑学专业指导委员会规划推荐教材
建筑构造（上册）
（第六版）
BUILDING CONSTRUCTION（Part 1）
重庆大学
覃　琳　魏宏杨　李必瑜　主编
＊
中国建筑工业出版社出版、发行（北京海淀三里河路 9 号）
各地新华书店、建筑书店经销
北京红光制版公司制版
天津画中画印刷有限公司印刷
＊
开本：787 毫米×1092 毫米　1/16　印张：12¾　字数：280 千字
2019 年 3 月第六版　　2024 年 6 月第五十六次印刷
定价：**39.00** 元（赠教师课件）
ISBN 978-7-112-22974-1
　　　　（33054）

修订版前言

  建筑业是国民经济中重要的支柱产业，科技进步的日新月异带来了建筑技术的多元化革新，施工技术、结构技术、材料技术、设备技术以及各种体系化、集成化设计方法，使建筑构造关注和解析的内容发生了巨大的改变。同时，对传统建筑文化的关怀和地域建筑现代化的尝试，对建筑构造和细部设计提出了更多的人文要求。作为土建类专业的设计协同基础，构造设计在专业知识的广度、深度上均提出了更多要求。《建筑构造》教材在长期持续建设中，去陈补新，强调基本构造原理和知识的运用，既紧密结合建筑师执业资格考试和国家最新规范与法规，又保留了对于必要的传统构造做法的学习和理解。

  本次修编是在第五版的基础上进行。全书分上、下两册。上册以大量性民用建筑构造为主要内容，包括绪论、墙体、楼地层、饰面装修、楼梯、屋顶、门和窗、基础8个部分。下册以大型公共建筑构造为主要内容，包括高层建筑构造、建筑装修构造、大跨度建筑构造、工业化建筑构造4个部分。

  本书可作为全日制高等学校的建筑学、城乡规划、风景园林等专业的建筑构造课程教材，也可供从事建筑设计与建筑施工的技术人员和土建专业成人高等教育师生参考。

  本书得到重庆大学教材建设基金资助。

  本书上册参加编写人员：

第1章 魏宏杨 覃 琳（重庆大学建筑城规学院）

第2章 覃 琳   （重庆大学建筑城规学院）

第3章 王朝霞 李必瑜（重庆大学建筑城规学院）

第4章 王朝霞   （重庆大学建筑城规学院）

第5章 魏宏杨 覃 琳（重庆大学建筑城规学院）

第6章 杜晓宇 许景峰 杨真静（重庆大学建筑城规学院）

第7章 杨真静 李必瑜（重庆大学建筑城规学院）

第8章 杜晓宇 许景峰（重庆大学建筑城规学院）

  本书上册由重庆大学刘建荣教授主审。聂可、刘小凤、温泉、徐可、吴丽佳、汪梓烨、胡樱译、刘思遥、廖丽慧、李天玮、梁晨、南漪、金振山、卫冕、徐亚男、熊珂等参加了上册的描图工作。在编写过程中，承蒙有关院校和设计、施工单位大力支持，谨此表示感谢。

　　本书附课件 ppt，使用教材的教师可加 QQ 群 852541234 下载；对教材使用的建议可联系主编老师 jzgz＿cqu@126.com 反馈。在此对提出建设性意见的人员一并表示感谢。

编者
2018 年 5 月

前　言

建筑业是国民经济的一个重要产业部门，担负着物质文明和精神文明建设的双重任务。建筑业的主要任务，是全面贯彻适用、安全、经济、美观的方针，为社会生产和城乡人民生活建造各类房屋建筑、设施和相应的环境，并为社会创造财富，为国家积累资金。40 年多来，特别是近 20 年来建筑业已向全国城镇提供了大量的各类房屋建筑，展现了我国历史上空前的建设规模。建筑科学技术有了很大的进步，并使建筑构造的内容发生了较大的变化。

本书力求从建筑构造理论原则和方法上对这些变化加以阐述，并从内容体系上作了一些新的尝试。目的在于更好地突出重点，便于读者掌握建筑构造这门学科的主要内容。

全书分为两册。上册以大量性民用建筑构造为主要内容，包括绪论、墙体、楼板、装修、楼梯、屋顶、门窗、基础 8 部分。下册以大型性建筑构造为主要内容，包括工业化建筑、高层建筑、大跨度建筑、装修 4 部分。

本书可作为全日制高（中）等学校建筑学、城市规划、室内设计、园林景观、交通土建等专业建筑构造课程教材，也可供从事建筑设计与建筑施工的技术人员和土建专业成人高等教育师生参考。

本书上册参加编写人员：

第 1 章　刘　岑（重庆建筑大学）

第 2 章　刘　岑

第 3 章　李必瑜（重庆建筑大学）

第 4 章　李必瑜

第 5 章　魏宏杨（重庆建筑大学）

第 6 章　熊洪俊（重庆建筑大学）

第 7 章　李必瑜

第 8 章　熊洪俊

上册由重庆建筑大学刘建荣教授主审。覃琳、万惠茹、许枫、黎孝琴、聂可、曹海英参加了描图工作。

在编写过程中，承蒙有关院校和各设计、施工单位大力支持，谨此表示感谢。

编者

1996 年 11 月

目　录

第 1 章
绪　论

Chapter 1

Introduction

建筑构造是研究建筑物的构造组成以及各构成部分的组合原理与构造方法的学科。其主要任务是在建筑设计过程中综合考虑使用功能、艺术造型、技术经济等诸多方面的因素，并运用物质技术手段，适当地选择并正确地决定建筑的构造方案和构配件组成以及进行细部节点构造处理等。

1.1 建筑的构造组成

建筑的物质实体一般由承重结构、围护结构、饰面装修及附属部件组合构成。承重结构可分为基础、承重墙体（在框架结构建筑中承重墙体则由柱、梁代替）、楼板、屋面板等。围护结构可分为外围护墙、内墙（在框架结构建筑中为框架填充墙和轻质隔墙）等。饰面装修一般按其部位分为内外墙面、楼地面、屋面、顶棚等。附属部件一般包括楼梯、电梯、自动扶梯、门窗、遮阳、阳台、栏杆、隔断、花池、台阶、坡道、雨篷等。建筑的构造组成如图1-1和图1-2所示。

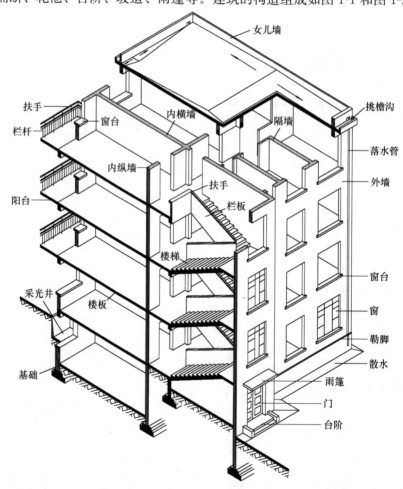

图 1-1 墙体承重结构的建筑构造组成

建筑的物质实体按其所处部位和功能的不同，又可分为基础、墙和柱、楼盖

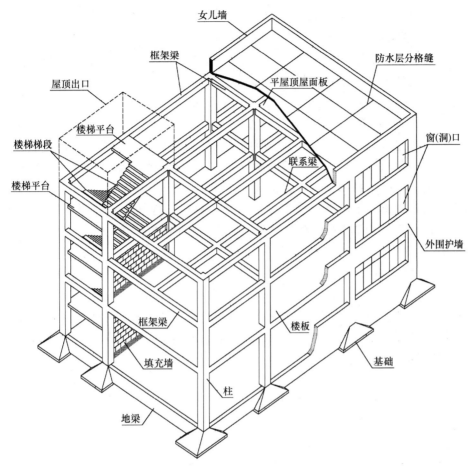

图 1-2 钢筋混凝土框架结构的建筑构造组成

层和地坪层、饰面装修、楼梯和电梯、屋盖、门窗等。

1) 基础

基础是建筑底部与地基接触的承重构件,它的作用是把建筑上部的荷载传递给地基。因此,基础必须坚固、稳定而可靠。

2) 墙和柱

墙体作为承重构件,把建筑上部的荷载传递给基础。在框架承重的建筑中,柱和梁形成框架承重结构系统,而墙仅是分隔空间的围护构件。在墙承重的建筑中,墙体既是承重构件,又是围护构件。墙作为围护构件又分为外墙和内墙,其性能应满足使用和围护的要求。

3) 楼盖层和地坪层

楼盖层通常包括楼板、梁、设备管道、顶棚等。楼板既是承重构件,又是分隔楼层空间的围护构件。楼板支承人、家具和设备的荷载,并将这些荷载传递给承重墙或梁、柱,楼板应有足够的承载力和刚度。楼盖层的性能应满足使用和围护的要求。当建筑底层未用楼板架空时,地坪层作为底层空间与地基之间的分隔构件,它支承着人和家具设备的荷载,并将这些荷载传递给地基。它应有足够的

3

承载力和刚度，并需均匀传力及防潮。

4）饰面装修

饰面装修是依附于内外墙、柱、顶棚、楼板、地坪等之上的面层装饰或附加表皮，其主要作用是美化建筑表面、保护结构构件、改善建筑物理性能等，应满足美观、坚固、热工、声学、光学、卫生等要求。

5）楼梯和电梯

楼梯是建筑中人们步行上下楼层的交通联系部件，并根据需要满足紧急事故时的人员疏散。楼梯应有足够的通行能力，并做到坚固耐久和满足消防疏散安全的要求。自动扶梯则是楼梯的机电化形式，用于传送人流但不能用于消防疏散。电梯是建筑的垂直运输工具，应有足够的运送能力和方便快捷的性能。消防电梯则用于紧急事故时的消防扑救，需满足消防安全要求。

6）屋盖

屋盖通常包括防水层、屋面板、梁、设备管道、顶棚等，屋面板既是承重构件，又是分隔顶层空间与外部空间的界面。屋面板支承屋面设施及风霜雨雪荷载，并将这些荷载传递给承重墙或梁柱。屋面板应有足够的强度和刚度，其面层性能应满足抵御风霜雨雪的侵袭和太阳辐射热的影响。上人屋面还需满足使用的要求。

7）门窗

门主要用于开闭室内外空间并通行或阻隔人流，应满足交通、消防疏散、防盗、隔声、热工等要求。窗主要用于采光和通风，并应满足防水、隔声、防盗、热工等要求。

除上述七部分以外，还有一些附属部分，如阳台、雨篷、台阶、坡道、气囱等。组成建筑的各个部分起着不同的作用。在设计工作中，还把建筑的各组成部分划分为建筑构件和建筑配件。建筑构件主要指墙、柱、梁、楼板、屋架等承重结构；而建筑配件则是指屋面、地面、墙面、门窗、栏杆、花格、细部装修等。

1.2　建筑的类型

建筑的类型在宏观上习惯分为民用建筑、工业建筑和农业建筑。民用建筑按照使用功能、修建数量和规模大小、层数多少、耐火等级、耐久年限等有不同的分类方法。不同类型的建筑又有不同的构造设计特点和要求。

1.2.1　按民用建筑的使用功能分类

1）居住建筑

如：住宅、集体宿舍等。

2）公共建筑

如：行政办公建筑、文教建筑、托幼建筑、医疗建筑、商业建筑、观演建筑、体育建筑、展览建筑、旅馆建筑、交通建筑、通信建筑、园林建筑、纪念性建筑等。

1.2.2　按民用建筑的修建量和规模大小分类

1）大量性建筑

指量大面广，与人们生活密切相关的建筑，如住宅、学校、商店、医院等。这些建筑在大、中、小城市和村镇都是不可少的，修建量大，故称为大量性建筑。

2）大型性建筑

指规模宏大的建筑，如大型办公楼、大型体育馆、大型剧院、大型火车站和航空港、大型博览馆等。这些建筑规模大、耗资大，与大量性建筑比起来，其修建量是有限的。但这类建筑对城市面貌影响较大。

1.2.3　按民用建筑的层数分类

民用建筑根据其建筑高度和层数可以分为单、多层民用建筑和高层民用建筑。

在层数上，高层建筑具有较大的火灾危险性。世界上对高层建筑的界定，各国规定各不相同。按我国现行《建筑设计防火规范》GB 50016—2014 规定，建筑高度大于 27m 的住宅建筑和建筑高度超过 24m 的其他非单层民用建筑均为高层建筑。

高层建筑根据其使用性质、火灾危险性、疏散和扑救难度等，又分为一类高层建筑和二类高层建筑。一类高层和二类高层相比，由于高度增加，消防扑救难度增大，需提高建筑自身的防火安全能力，因此在耐火等级、消防设施和安全疏散等方面要求更高。

1.2.4　按民用建筑的耐火等级分类

在建筑设计中，应对建筑的防火安全给予足够的重视，满足相关规范要求。在选择结构材料和构造做法上，应根据其性质分别对待。现行《建筑设计防火规范》GB 50016—2014 对民用建筑的耐火等级进行了划分。不同耐火等级对组成房屋各构件的耐火极限和燃烧性能有明确的要求。

1）构件的耐火极限

建筑构件的耐火极限，是指在标准耐火试验条件下，建筑构、配件或结构从受到火的作用时起，到失去承载能力、完整性或隔热性时止的所用时间，用小时表示。

对于不同的建筑结构或构、配件，耐火极限的判定标准是不同的。建筑构件失去承载能力，是指在标准耐火试验条件下，承重或非承重建筑构件在一定时间内抵抗坍塌的能力。耐火的完整性是在标准耐火试验条件下，建筑分隔构件一面受火时，能在一定时间内防止火焰和热气穿透或在背火面出现火焰的能力。耐火隔热性是在标准耐火试验条件下，建筑分隔构件当其一面受火时，能在一定时间内其背火面温度不超过规定值的能力。

2）构件的燃烧性能

现行《建筑材料及制品燃烧性能分级》GB 8624，建筑材料及制品的燃烧性能等级分为四级：A 级、B_1 级、B_2 级、B_3 级，对应着不燃、难燃、可燃、易燃等四个不同的性能（表 1-1）。

建筑材料及制品的燃烧性能等级　　　　表 1-1

燃烧性能等级	名　称
A	不燃材料（制品）
B$_1$	难燃材料（制品）
B$_2$	可燃材料（制品）
B$_3$	易燃材料（制品）

不燃性的材料有天然石材、人工石材、金属材料构件等。可燃性材料有木材等。这些材料做成的构件具有对应的不燃或可燃性能。难燃性的建筑构件是用难燃性材料制作，或在可燃材料外加不燃性材料的保护层，例如沥青混凝土构件、木板条抹灰的构件等。

3）民用建筑的耐火等级分为四级，不同耐火等级建筑物相应构件的燃烧性能和耐火极限不应低于表 1-2 的规定。

建筑物构件的燃烧性能和耐火极限（h）　　　　表 1-2

名　称		耐　火　等　级			
构　件		一级	二级	三级	四级
墙	防火墙	不燃性 3.00	不燃性 3.00	不燃性 3.00	不燃性 3.00
	承重墙	不燃性 3.00	不燃性 2.50	不燃性 2.00	难燃性 0.50
	非承重外墙	不燃性 1.00	不燃性 1.00	不燃性 0.50	可燃性
	楼梯间和前室的墙，电梯井的墙，住宅单元之间的墙和分户墙	不燃性 2.00	不燃性 2.00	不燃性 1.50	难燃性 0.50
	疏散走道两侧的隔墙	不燃性 1.00	不燃性 1.00	不燃体 0.50	难燃性 0.25
	房间隔墙	不燃性 0.75	不燃性 0.50	难燃性 0.50	难燃性 0.25
柱		不燃性 3.00	不燃性 2.50	不燃性 2.00	难燃性 0.50
梁		不燃性 2.00	不燃性 1.50	不燃性 1.00	难燃性 0.50
楼板		不燃性 1.50	不燃性 1.00	不燃性 0.50	可燃性
屋顶承重构件		不燃性 1.50	不燃性 1.00	可燃性 0.50	可燃性
疏散楼梯		不燃性 1.50	不燃性 1.00	不燃性 0.50	可燃性
吊顶顶棚（包括吊顶格栅）		不燃性 0.25	难燃性 0.25	难燃性 0.15	可燃性

1.2.5　按建筑的设计使用年限分类

建筑的合理使用年限主要是指建筑主体结构设计使用年限，分为以下四类。

一类建筑：设计使用年限为 5 年，适用于临时性建筑。

二类建筑：设计使用年限为 25 年，适用于易于替换结构构件的次要建筑。

三类建筑：设计使用年限为 50 年，适用于普通建筑和构筑物。

四类建筑：设计使用年限为 100 年，适用于纪念性和特别重要的建筑物。

1.3 影响建筑构造的因素和设计原则

1.3.1 影响建筑构造的因素

1）外界环境的影响

外界环境对建筑构造的影响包括自然界和人为的影响因素，一般有以下三个方面：

（1）外界作用力

外界作用力包括人、家具和设备、结构自重，风力、地震力以及雨雪荷载等，荷载是选择结构类型和构造方案以及进行细部构造设计非常重要的依据。

（2）地域气候条件

建筑所处地域的气候条件，如日照、温度、湿度、风霜雨雪、冰冻、地下水等对建筑构造影响很大。对于这些影响，在构造上必须考虑相应措施，如防水防潮、保温隔热、通风防尘、防温度变形、排水组织等。

（3）人为因素

如火灾、机械振动、噪声、撞击等的影响，在建筑构造上需采取防火、防振和隔声等相应的措施。

2）使用者的需求

在建筑构造设计中，满足使用者的生理和心理需求非常重要。使用者的生理需求主要是人体活动对构造实体及空间环境与尺度的需求，如门洞、窗台及栏杆的高度，走道、楼梯、踏步的高宽，家具设备尺寸以及建筑内部使用空间的热、声、光物理环境和尺度等。使用者的心理需求则主要是使用者对构造实体、细部和空间尺度的审美心理需求。

3）建筑技术条件

建筑技术条件指建筑所处地区的建筑材料技术、结构技术和施工技术等条件。随着社会的发展，建筑构造技术也在进步。建筑构造做法不能脱离一定的建筑技术条件。根据地区的不同和差别，应注意在采取先进技术的同时采取适宜的建筑技术。

4）建筑经济因素

建筑经济因素对建筑构造的影响，主要是指特定建筑的造价要求对建筑装修标准和建筑构造的影响。标准高的建筑，其装修质量和档次要求高，构造做法考究。反之，建筑构造只能采取一般的简单做法。因此，建筑的构造方式、选材、选型和细部做法需根据装修标准的高低来确定。一般来讲，大量性建筑多属一般标准的建筑，构造方法往往也是常规的做法，而大型性的公共建筑，标准高，构造做法上也更考究。

1.3.2 建筑构造的设计原则

影响建筑构造的因素繁多，错综复杂的因素交织在一起，设计时需分清主次和轻重，权衡利弊而求得妥善处理。一般说来，应符合以下构造设计原则：

1）坚固实用

在构造方案上首先应考虑坚固实用，保证建筑的整体承载力和刚度，安全可靠，经久耐用。构造细部则需在保证强度、刚度和安全可靠的同时，满足使用者的使用要求。

2）技术适宜

建筑构造设计应该从地域技术条件出发，在引入先进技术的同时，必须注意因地制宜，不能脱离实际。

3）经济合理

建筑构造设计处处都应考虑经济合理，在选用材料时要注意就地取材，注意节约材料，降低能耗，并在保证质量的前提下降低造价。

4）美观大方

建筑构造设计要考虑美观大方，注意局部与整体的关系，注意细部的美学表达。

1.4 建筑模数协调

为了实现建筑工业化大规模生产，使不同材料、不同形状和不同制造方法的建筑构配件（或组合件）具有一定的通用性和互换性，在建筑业中必须共同遵守《建筑模数协调统一标准》GB/T 50002—2013。

1.4.1 模数

模数是选定的标准尺度单位，是尺寸协调中的增值单位。所谓尺寸协调是指在房屋构配件及其组合的建筑中，与协调尺寸有关的规则，供建筑设计、建筑施工、建筑材料与制品、建筑设备等采用，其目的是使构配件安装吻合，并有互换性。

1.4.2 基本模数

基本模数是模数协调中选用的基本尺寸单位，数值规定为100mm，符号为M，即1M＝100mm。建筑物和建筑部件以及建筑组合件的模数化尺寸，应是基本模数的倍数，目前世界上绝大部分国家均采用100mm为基本模数值。

1.4.3 导出模数

导出模数分为扩大模数和分模数，其基数应符合下列规定：

（1）扩大模数，指基本模数的整倍数，扩大模数的基数应为2M、3M、6M、9M、12M、……，其相应的尺寸分别为200、300、600、900、1200等。

（2）分模数，指基本模数除以整数的数值，分模数的基数为M/10、M/5、M/2共3个，其相应的尺寸为10、20、50mm。

1.4.4 模数数列

模数数列是以基本模数、扩大模数、分模数为基础扩展成的一系列尺寸。模数数列在各类型建筑的应用中，其尺寸的统一与协调应减少尺寸的范围，但又应使尺寸的叠加和分割有较大的灵活性。

模数数列的适用范围如下：

（1）水平基本模数数列：主要用于门窗洞口和构配件断面尺寸。

（2）竖向基本模数数列：主要用于建筑物的层高、门窗洞口、构配件等的尺寸。

（3）水平扩大模数数列：主要用于建筑物的开间或柱距、进深或跨度、构配件尺寸和门窗洞口尺寸。

（4）竖向扩大模数数列：主要用于建筑物的高度、层高、门窗洞口尺寸。

（5）分模数数列：主要用于缝隙、构造节点、构配件断面尺寸。

1.4.5 模数协调

为了使建筑在满足设计要求的前提下，尽可能减少构配件的类型，使其达到标准化、系列化、通用化，充分发挥投资效益，对大量性建筑中的尺寸关系进行模数协调是必要的。

1）模数化空间网格

把建筑看作是三向直角坐标空间网格的连续系列，当三向均为模数尺寸时称为模数化空间网格，网格间距应等于基本模数或扩大模数，如图1-3所示。

2）定位轴线

在模数化网格中，确定主要结构位置关系的线，如确定开间或柱距、进深或跨度的线，称为定位轴线。除定位轴线以外的网格线为定位线，定位线用于确定模数化构件尺寸，如图1-4所示。

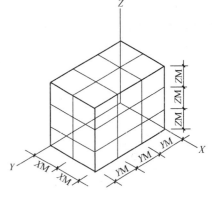

图1-3 模数化空间网格

定位轴线分为单轴线和双轴线，一般常用的连续的模数化网格采用单轴线定位，当模数化网格需加间隔而产生中间区时，可采用双轴线定位，需根据建筑设计、施工要求和构件生产等条件综合决定。不同的建筑结构类型如墙承重结构、框架结构等对定位轴线有不同的特殊要求，目的都是为了使其尽可能达到标准化、系列化、通用化。

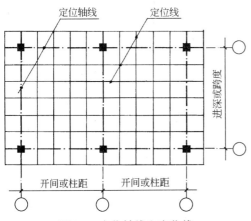

图1-4 定位轴线和定位线

3）标志尺寸与构造尺寸的关系

（1）标志尺寸

标志尺寸应符合模数数列的规定，用以标注建筑定位轴线、定位线之间的距离（如开间或柱距、进深或跨度、层高等）以及建筑构配件、建筑组合件、建筑制品、设备等的界限之间的尺寸。

（2）构造尺寸

构造尺寸是指建筑构配件、建筑组合件、建筑制品等的设计尺寸。一般情况下，标志尺寸扣除预留缝隙即为构造尺寸，如图 1-5 所示。

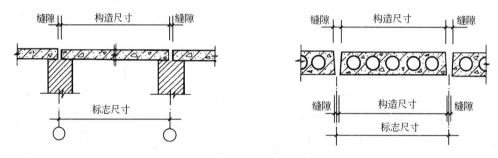

图 1-5　标志尺寸与构造尺寸的关系

（3）实际尺寸

实际尺寸是指建筑构配件、建筑组合件、建筑制品等生产制作后的尺寸。实际尺寸与构造尺寸间的差数应符合建筑公差的规定。

复习思考题

1. 建筑构造设计的主要任务？
2. 建筑物的构造组成？
3. 建筑的分类？
4. 影响建筑构造的因素和设计原则？
5. 模数、基本模数、扩大模数的概念？
6. 标志尺寸、构造尺寸与实际尺寸的关系？

第 2 章
墙　体

Chapter 2
Wall

2.1 墙体类型及设计要求

2.1.1 墙体类型

根据墙体在建筑中所处的位置或者受力情况的不同，以及墙体的材料或者构造方式的不同，墙体可以有多种分类方式。这里重点介绍与构造设计相关性较大的分类方式。

1）按墙所处位置及方向

墙体按所处位置可以分为外墙和内墙。外墙位于建筑的四周，又称为外围护墙。内墙位于建筑内部，主要起分隔内部空间的作用，也称为内分隔墙。外围护墙在建筑中起到室内外空间的分隔作用，满足建筑保温、隔热、隔声、防水防潮等功能要求。内分隔墙主要是满足室内空间的分隔要求，同时满足室内空间不同的采光、通风、隔声等使用功能需求。

通常矩形平面的建筑墙体按布置方向可以分为纵墙和横墙。沿建筑物长轴方向布置的墙称为纵墙，沿建筑物短轴方向布置的墙称为横墙，外横墙俗称山墙（图2-1）。

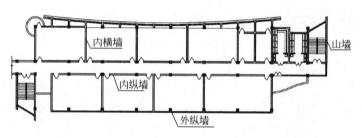

图 2-1 建筑平面上不同位置及方向的墙体名称

图 2-2 建筑墙体的基本立面构成

另外，在建筑立面上，根据墙体与门窗的位置关系，窗洞口水平方向之间的墙体称为窗间墙，下层窗顶到上层窗台之间的墙称为窗槛墙。窗间墙与窗槛墙构成了建筑立面上门窗洞口以外的实体区域。这些墙段的位置和大小，除了与立面设计的美学相关，也与墙段的结构作用和防火分隔作用相关（图2-2）。

通常，外墙周边在建筑屋顶处会升高一定的高度，形成完整的一圈。这一部分高出屋面的墙体俗称"女儿墙"。女儿墙对屋面起周边围护作用。上人屋面中，女儿墙的高度要满足防护要求。

2）按受力情况分类

墙按结构受力情况分为承重墙和非承重墙两种。

承重墙一般在砌体结构中存在，直接承受楼板及屋顶传下来的荷载。在砌体结构中的非承重墙可以分为自承重墙和隔墙。自承重墙仅承受自身重量，并把自重传给基础。隔墙则把自重传给楼板层或附加的小梁。

在纯粹的框架结构中是没有承重墙的，结构的荷载由框架梁柱承担，墙体为非承重墙。这些非承重墙主要有填充墙和幕墙两种方式。填充墙是位于框架梁柱之间的墙体，犹如"填塞"进框架梁柱之间，墙体自身的重量传递给下方的梁柱，有时会砌筑在有结构承载能力的楼板上。因此为了减轻自重，框架填充墙通常采用轻质材料。当墙体悬挂于框架梁柱的外侧起围护作用时，称为幕墙。幕墙的自重由其连接固定部位的梁柱承担。位于高层建筑外周的幕墙，虽然不承受垂直方向的外部荷载，受高空气流影响需承受以风力为主的水平荷载，并通过与梁柱的连接传递给框架系统。墙体按受力情况分类可见图 2-3。

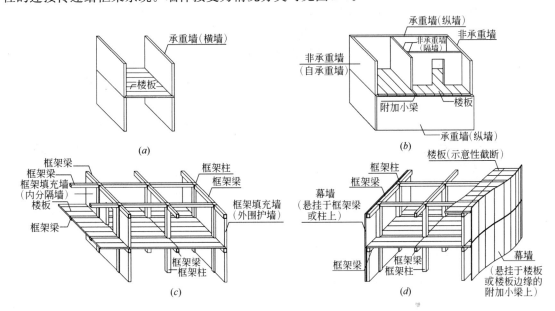

图 2-3 墙体受力情况示意图

（a）砖混结构；（b）砖混结构；（c）框架结构——框架填充墙；（d）框架结构——幕墙

3）按材料及构造方式分类

墙体可以是单一材料构成的，如普通砖墙、实心砌块墙、钢筋混凝土墙等。墙体也可以是由多种材料组合构成。墙体按构造方式可以分为实体墙、空体墙和组合墙三种（图 2-4）。实体墙一般由单一材料组成。空体墙一般也是由单一材料组成，既可以是由单一材料砌成内部空腔，例如空斗砖墙（图 2-5），也可用具有孔洞的材料建造墙，如空心砌块墙（图 2-6）、空心板材墙等。组合墙通常由两种以上材料组合而成，例如钢筋混凝土和加气混凝土构成的复合板材墙，其中钢筋混凝土起承重作用，加气混凝土起保温隔热作用。

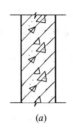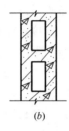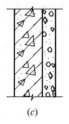

图 2-4 墙体构造形式

（a）实体墙；（b）空体墙；（c）组合墙

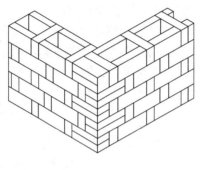

图 2-5 空斗砖墙

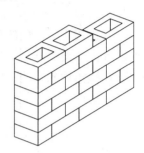

图 2-6 空心砌块墙

4）按施工方法分类

墙体按施工方法主要可分为块材墙、板筑墙及板材墙三种。块材墙是用砂浆等胶结材料将砖石块材等组砌而成，例如砖墙、石墙及各种砌块墙等。板筑墙是在现场立模板，现浇而成的墙体，例如现浇混凝土墙等。板材墙是预先制成墙板，施工时安装而成的墙，例如预制混凝土大板墙、各种轻质条板内隔墙。

2.1.2 墙体的设计要求

我国幅员辽阔，气候差异大，因此，墙体除满足结构方面的要求外，作为围护构件还应具有保温、隔热、隔声、防火、防潮等功能要求。

1）结构方面的要求

（1）结构布置方案

在多层砖混房屋中，墙体是围护部件，也是主要的承重部件。墙体布置必须同时考虑建筑和结构两方面的要求，既满足设计的房间布置、空间大小划分等使用要求，又应选择合理的墙体承重结构布置方案，使之安全承担作用在房屋上的各种荷载，坚固耐久、经济合理。

结构布置指梁、板、柱等结构构件在房屋中的总体布局。砖混结构建筑的结构布置方案，通常有横墙承重、纵墙承重、纵横墙承重几种方式（图 2-7）。

横墙承重方案是将楼板两端搁置在横墙上，纵墙只承担自身的重量。纵墙承重方案是将纵墙作为承重墙搁置楼板，而横墙为自承重墙。两种方式相比较，前

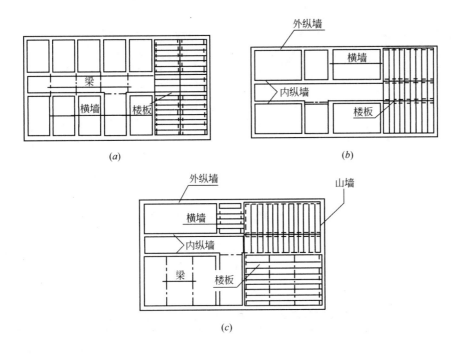

图 2-7　墙体承重结构布置方案
(a) 横墙承重；(b) 纵墙承重；(c) 纵横墙承重

者适用于横墙较多且间距较小、位置比较固定的建筑，房屋空间刚度大，结构整体性好。后者的横墙较少，可以满足较大空间的要求，但房屋刚度较差。对于建筑外立面来说，承重墙上开设门窗洞口比在非承重墙上限制要大。将两种方式相结合，根据需要使部分横墙和部分纵墙共同作为建筑的承重墙，称为纵横墙综合承重。该方式可以满足空间组合灵活的需要，且空间刚度也较大。

纯框架结构的建筑目前在一般民用建筑中大量使用。框架结构通过框架梁承担楼板荷载并传递给柱，再向下依次传递给基础和地基。梁在框架结构中的布置方向有横向和纵向，当一个方向的梁承担楼板荷载时称为主梁，另一个方向的梁则为次梁，次梁起连系作用以加强结构的整体性。当主梁为横向时称为横向框架承重，主梁为纵向时称为纵向框架承重，两个方向都有主梁时则称为纵横向框架承重（图 2-8）。

（2）墙体承载力和稳定性

①墙体的承载力。承载力是指墙体承受荷载的能力。承重墙应有足够的承载力来承受楼板及屋顶荷载。地震区还应考虑地震作用下墙体承载力。

②墙体的稳定性。墙体的高厚比是保证墙体稳定的重要措施。墙、柱高厚比是指墙、柱的计算高度 H_0 与墙厚 h 的比值。高厚比越大构件越细长，其稳定性越差。实际工程高厚比必须控制在允许高厚比限值以内。允许高厚比限值结构上有明确的规定，它是综合考虑了砂浆强度等级、材料质量、施工水平、横墙间距等诸多因素确定的。

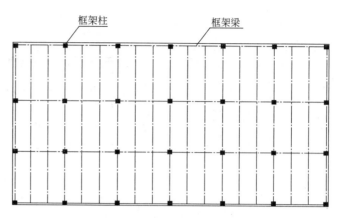

图 2-8 框架承重结构布置方案

砖墙是脆性材料，抗变形能力小，如果层数过多，砖墙可能出现破坏。特别是地震区，房屋的破坏程度随层数增多而加重，因而对房屋的高度及层数有一定的限制值，见表 2-1。

多层普通砖房墙厚 240mm 时建筑总高（m）和层数限值										表 2-1	
烈度	6		7				8				9	
设计基本地震加速度	0.05g		0.10g		0.15g		0.20g		0.30g		0.40g	
限定项	高度	层数	高度	层数	高度	层数	高度	层数	高度	层数	高度	层数
限定值	21	7	21	7	21	7	18	6	15	5	12	4

2）功能方面的要求

（1）保温与隔热要求

建筑使用中以人工设备对室内热工环境舒适性的改善产生一定的能耗。从节能的角度出发，也为了降低建筑长期的运营费用，要求作为围护结构的外墙具有良好的热稳定性，使室内温度环境在外界环境气温变化的情况下保持相对的稳定，减少对空调和采暖设备的依赖。

炎热地区夏季太阳辐射强烈，室外热量通过外墙传入室内，使室内温度升高，产生过热现象，影响人们工作和生活，甚至损害人的健康。外墙应具有足够的隔热能力，可以通过选用热阻大的外墙材料，减少外墙内表面的温度波动；也可以在外墙表面选用光滑、平整、浅色的材料，以增加对太阳的反射能力。

采暖建筑的外墙应有足够的保温能力。寒冷地区冬季室内温度高于室外，热量从高温一侧向低温一侧传递。图 2-9 是外墙冬季的传热过程。为了减少热损失，可以从以下几个方面采取措施。

①通过对材料的选择，提高外墙保温能力减少热损失。一般有三种做法：第一，增加外墙厚度，使传热过程延缓，

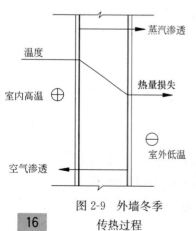

图 2-9 外墙冬季
传热过程

达到保温目的。但是墙体加厚，会增加结构自重、多用墙体材料、占用建筑面积、使有效空间缩小等。第二，选用孔隙率高、密度小的材料做外墙，如加气混凝土等。这些材料导热系数小，保温效果好，但是强度不高，不能承受较大的荷载，一般用于框架填充墙等。第三，采用多种材料的组合墙，形成保温构造系统解决保温和承重双重问题。外墙保温系统根据保温材料与承重材料的位置关系，有外墙外保温，外墙内保温和夹芯保温几种方式，保温材料应为不燃或难燃材料，其燃烧性能根据不同建筑有相应的要求。常用的保温材料如岩棉、膨胀珍珠岩、加气混凝土、模塑聚苯乙烯泡沫塑料（EPS）等。图 2-10、图 2-11 为外墙外保温和外墙内保温实例。

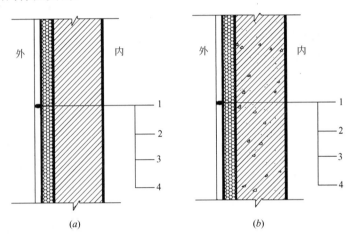

图 2-10 砖墙或钢筋混凝土墙外保温构造做法
1—饰面层；2—纤维增强层；3—保温层；4—墙体（a 为砖墙，b 为钢筋混凝土墙）

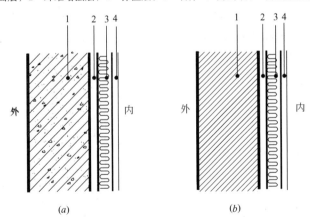

图 2-11 饰面石膏聚苯板复合内保温构造做法
1—墙体（a 为钢筋混凝土墙，b 为砖墙）；2—空气层；3—保温层；4—饰面石膏

②防止外墙中出现凝结水。为了避免采暖建筑热损失，冬季通常是门窗紧闭，生活用水及人的呼吸使室内湿度增高，形成高温高湿的室内环境。温度越高，空气中含的水蒸气越多。当室内热空气传至外墙时，墙体内的温度较低，当达到露点温度时，蒸汽在墙内形成凝结水，水的导热系数较大，因此就使外墙的

保温能力明显降低。为了避免这种情况产生，应在靠室内高温一侧设置隔蒸汽层，阻止水蒸气进入墙体。隔蒸汽层常用卷材、防水涂料或薄膜等材料（图2-12）。

③防止外墙出现空气渗透。墙体材料一般都不够密实，有很多微小的孔洞。墙体上设置的门窗等构件，因安装不严密或材料收缩等，会产生一些贯通性缝隙。由于这些孔洞和缝隙的存在，冬季室外风的压力使冷空气从迎风墙面渗透到室内，而室内外有温差，室内热空气从内墙渗透到室外，所以风压及热压使外墙出现了空气渗透。为了防止外墙出现空气渗透，一般采取以下措施：选择密实度高的墙体材料，墙体内外加抹灰层，加强构件间的缝隙处理等（图2-13）。

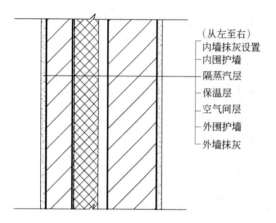

（从左至右）
内墙抹灰设置
内围护墙
隔蒸汽层
保温层
空气间层
外围护墙
外墙抹灰

图 2-12　隔蒸汽层的设置

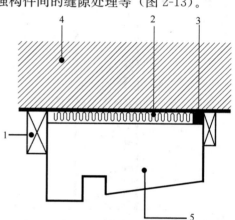

图 2-13　封堵窗墙间缝隙做法
1—木条；2—袋装矿棉；3—弹性密封胶；
4—外墙；5—窗框

④采用具有复合空腔构造的外墙形式，使墙体根据需要具有热工调节性能。如近年来在公共建筑中有一定运用的各种双层皮组合外墙以及利用太阳能的被动式太阳房集热墙等，还可以利用遮阳、百叶和引导空气流通的各种开口设置，来强化外墙体系的热工调节能力，如图 2-14 为被动式太阳房的墙体构造示例：通

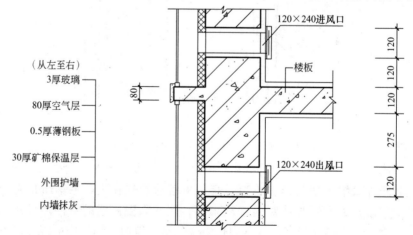

（从左至右）
3厚玻璃
80厚空气层
0.5厚薄钢板
30厚矿棉保温层
外围护墙
内墙抹灰

图 2-14　被动式太阳房墙体构造

过可加热空气的空腔以及进出风口的设置，使外墙成为一个集热散热器，在太阳能的作用下，在外墙设置可以分别提供保温或隔热降温功能的空气置换层。

（2）隔声要求

为了使室内有安静的环境，保证人们的工作和生活不受噪声的干扰，要求建筑根据使用性质的不同进行噪声控制。墙体主要隔离由空气直接传播的噪声。空气声在墙体中的传播途径有两种：一是通过墙体的缝隙和微孔传播，二是在声波作用下墙体受到振动，声音透过墙体而传播。控制噪声，对墙体一般采取以下措施：

① 加强墙体的密缝处理。如对墙体与门窗、通风管道等的缝隙进行密缝处理。

② 增加墙体密实性及厚度，避免噪声穿透墙体及墙体振动。砖墙的隔声能力较好，240mm 厚砖墙的隔声量为 49dB 。当然依靠一味地增加墙厚来提高隔声是不经济也不合理的。

③ 采用有空气间层或多孔性材料的夹层墙。由于空气间层或玻璃棉等多孔材料具有减振和吸声作用，从而提高了墙体的隔声能力。

④ 在建筑总平面布局中将隔声要求不高的建筑靠近城市干道布置，对后排建筑可以起隔声作用。枝叶茂密四季常青的绿化带也可起到降低噪声的作用。

（3）其他方面的要求

① 防火要求。选择燃烧性能和耐火极限符合防火规范规定的材料。在较大连通空间的建筑中，需要把建筑空间分成若干区段，以防止火灾蔓延。这些不同的防火分区之间，应设置符合规定的防火墙。

② 防水防潮要求。在卫生间、厨房、实验室等有水的房间及地下室的墙应采取防水防潮措施。选择良好的防水材料以及恰当的构造做法，保证墙体的坚固耐久性，使室内有良好的卫生环境。

③ 建筑工业化要求。在大量性民用建筑中，墙体工程量占着相当的比重。因此，建筑工业化的关键是墙体改革，应减少手工生产及操作，提高机械化施工程度，提高工效、降低劳动强度，并应采用轻质高强的墙体材料，以减轻自重、降低成本。目前国家正在大力提倡发展的装配式建筑体系中，墙体的装配化是一个涉及建筑、结构、设备等多专业的研究发展领域。

2.2 块材墙基本构造

块材墙是用砌筑砂浆等胶结材料将砖石块材等组砌而成，如砖墙、石墙及各种砌块墙等，也可以简称为砌体。目前框架结构中大量采用的框架填充墙，也主要是轻质块材砌筑而成的非承重墙，既作为外围护墙，也作为内隔墙使用。一般情况下，块材墙具有一定的保温、隔热、隔声性能和承载能力，生产制造及施工操作简单，不需要大型的施工设备，但是现场湿作业较多、施工速度慢、劳动强度较大。

2.2.1 块材墙的墙体材料

1）常用块材

块材墙中常用的块材有各种砖和砌块（图 2-15）。

图 2-15 块材墙的材料

（1）砖

砖的种类很多，从材料上看有黏土砖、灰砂砖、页岩砖、煤矸石砖、水泥砖以及各种工业废料砖，如炉渣砖等。从外观上看，有实心砖、空心砖和多孔砖。从其制作工艺看，有烧结和蒸压养护成型等方式。常用的有烧结普通砖、蒸压粉煤灰砖、蒸压灰砂砖、烧结空心砖和烧结多孔砖。

砖的强度等级按其抗压强度平均值分为 MU30、MU25、MU20、MU15、MU10 等（MU30 即抗压强度平均值$\geqslant$30.0N/mm^2）。

烧结普通砖指各种烧结的实心砖，其制作的主要原材料可以是黏土、粉煤灰、煤矸石和页岩等，按功能有普通砖和装饰砖之分。黏土砖具有较高的强度和热工、防火、抗冻性能。但由于黏土材料占用农田，随着墙体材料改革的进程，在大量性民用建筑中曾经发挥重要作用的实心黏土砖已逐步退出历史舞台。

蒸压粉煤灰砖是以粉煤灰、石灰、石膏和细集料为原料，压制成型后经高压蒸汽养护制成的实心砖。其强度高，性能稳定，但用于基础或易受冻融及干湿交替作用的部位时对强度等级要求较高。蒸压灰砂砖是以石灰和砂子为主要原料，成型后经蒸压养护而成，是一种比烧结砖质量大的承重砖，隔声能力和蓄热能力较好，有空心砖也有实心砖。这两种蒸压砖的实心砖都是替代实心黏土砖的产品之一，但都不得用于长期受热（200℃以上）、有流水冲刷、受急冷、急热和有酸碱介质侵蚀的建筑部位。

烧结空心砖和烧结多孔砖都是以黏土、页岩、煤矸石等为主要原料经焙烧而成。前者孔洞率$\geqslant$35%，后者孔洞率在 15%～30% 之间。这两种砖都主要适用于非承重墙体，但不应用于地面以下或防潮层以下的砌体。

常用的实心砖规格（长×宽×厚）为 240mm×115 mm ×53 mm，加上砌筑时所需的灰缝尺寸，正好形成 4∶2∶1 的尺度关系，便于砌筑时相互搭接和组合。空心砖和多孔砖的尺寸在这一基础上有不同的变化，规格较多。

（2）砌块

砌块是利用混凝土、工业废料（炉渣、粉煤灰等）等制成的人造块材，外形尺寸比砖大，具有设备简单、砌筑速度快的优点，符合建筑工业化发展中墙体改革的基本要求。

砌块按尺寸和质量的大小不同分为小型砌块、中型砌块和大型砌块。砌块系列中主规格的高度大于 115mm 而小于 380mm 的称作小型砌块，高度为 380～980mm 的称为中型砌块，高度大于 980mm 的称为大型砌块。使用中以中小型砌块居多。

砌块按外观形状可以分为实心砌块和空心砌块。空心砌块有单排方孔、单排圆孔和多排扁孔三种形式（图 2-16），其中多排扁孔对保温较有利。按砌块在组砌中的位置与作用可以分为主砌块和各种辅助砌块。

根据材料的不同，常用的砌块有普通混凝土与装饰混凝土小型空心砌块、轻集料混凝土小型空心砌块、粉煤灰小型空心砌块、蒸压加气混凝土砌块和石膏砌块。砌块大多具有质轻、孔隙率大、隔热性能好等优点，但吸水性强。吸水率较大的砌块不能用于长期浸水、经常受干湿交替或冻融循环的建筑部位。因此，有防水、防潮要求时应在墙下先砌 3～5 皮吸水率小的砖。

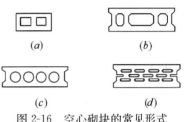

图 2-16　空心砌块的常见形式
（a）单排方孔；（b）单排组合孔；
（c）单排圆孔；（d）多排扁孔

2）胶结材料

块材需经胶结材料砌筑成墙体，使它传力均匀。同时胶结材料还起着嵌缝作用，能提高墙体的保温、隔热和隔声能力。块材墙的胶结材料主要是砌筑砂浆。砌筑砂浆要求有一定的强度，以保证墙体的承载能力，施工时还要求有适当的稠度和保水性（即有良好的和易性），方便施工。

砌筑砂浆通常使用的有水泥砂浆、石灰砂浆和混合砂浆三种。比较砂浆性能的主要是强度、和易性、防潮性几个方面。水泥砂浆强度高、防潮性能好，主要用于受力和防潮要求高的墙体中；石灰砂浆强度和防潮性均差，但和易性好，用于强度要求低的墙体；混合砂浆由水泥、石灰、砂拌和而成，有一定的强度，和易性也好，使用比较广泛。

一些块材表面较光滑，如蒸压粉煤灰砖、蒸压灰砂砖、蒸压加气混凝土砌块等，砌筑时需要加强与砂浆的粘结力，要求采用经过配方处理的专用砌筑砂浆，或采取提高块材和砂浆间粘结力的相应措施。

砌筑砂浆等级划分为七级：M5、M7.5、M10、M15、M20、M25、M30。在同一段砌体中，砂浆和块材的强度有一定的对应关系，以保证砌体的整体强度。

2.2.2　块材墙的组砌方式

组砌是指块材在砌体中的排列。组砌的关键是错缝搭接，使上下层块材的垂直缝交错，保证墙体的整体性。如果墙体表面或内部的垂直缝处于一条线上，即形成通缝，如图 2-17 所示。在荷载作用下，通缝会使墙体的强度和稳定性显著降低。

1）砖墙的组砌

在砖墙的组砌中，把砖的长度方向垂直于墙面砌筑的砖叫丁砖，把砖的长度方向平行于墙面砌筑的砖叫顺砖。上下两皮砖之间的水平缝称横缝，左右两块砖之间的垂直缝称竖缝。标准缝宽为 10mm，可以在 8～12mm 间进行调节。要求丁砖和顺砖交替砌筑，灰浆饱满、横平竖直（图 2-18）。丁砖和顺砖可以层层交错，也可以根据需要隔一定高度或在同一层内交错，由此带来墙体的图案变化和砌体内错缝程度不同。当墙面不抹灰做清水墙面时，应考虑块材排列方式不同带来的墙面图案效果。

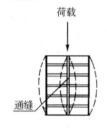

图 2-17 通缝示意图

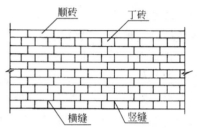

图 2-18 砖墙组砌名称

2）砌块墙的组砌

砌块在组砌中与砖墙不同的是，由于砌块规格较多、尺寸较大，为保证错缝以及砌体的整体性，应事先做排列设计，并在砌筑过程中采取加固措施。排列设计就是把不同规格的砌块在墙体中的安放位置用平面图和立面图加以表示。砌块排列设计应满足以下要求：上下皮应错缝搭接，墙体交接处和转角处应使砌块彼此搭接，优先采用大规格砌块并使主砌块的总数量在 70% 以上，为减少砌块规格，允许使用极少量的砖来镶砌填缝，采用混凝土空心砌块时，上下皮砌块应孔对孔、肋对肋以保证有足够的接触面。砌块的排列组合如图 2-19 所示。图 2-20 为砌块墙的组砌实例。

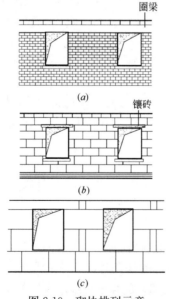

图 2-19 砌块排列示意
(a) 小型砌块排列示例；(b) 中型砌块排列示例之一；(c) 中型砌块排列示例之二

图 2-20 砌块墙

当砌块墙组砌时出现通缝或错缝距离不足 150mm 时，应在水平缝通缝处加钢筋网片，使之拉结成整体，如图 2-21 所示。

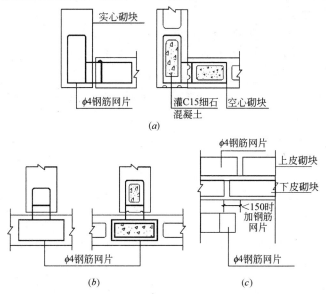

图 2-21 砌块墙通缝处理
(a) 转角配筋；(b) 丁字墙配筋；(c) 错缝配筋

砌块规格很多，外形尺寸往往不如砖那样规整，因此砌块组砌时，缝型比较多，有平缝、凹槽缝和高低缝。平缝制作简单，多用于水平缝。凹槽缝灌浆方便，多用于垂直缝。缝宽视砌块尺寸而定，小型砌块为 10～15 mm，中型砌块为 15～20mm。

2.2.3 块材墙的尺度

块材墙的墙体尺度指厚度和墙段长度、高度和厚度等几个方向的尺寸要求。要确定墙体的尺度，除应满足结构和功能要求外，还必须符合块材自身的规格尺寸。

1）墙厚

墙厚主要由块材和灰缝的尺寸组合而成。以常用的实心砖规格（长×宽×厚）240mm×115mm×53mm 为例，用砖的三个方向的尺寸作为墙厚的基数，当错缝或墙厚超过砖块尺寸时，均按灰缝 10 mm 进行砌筑。从尺寸上不难看出，砖厚加灰缝、砖宽加灰缝后与砖长形成 1∶2∶4 的比例，组砌很灵活。常见砖墙厚度见表 2-2。当采用复合材料或带有空腔的保温隔热墙体时，墙厚尺寸在块材尺寸基

常见砖墙厚度 表 2-2

墙厚	厚度方向断面图	名称	墙厚尺寸（mm）
1/2 砖墙	原图	12 墙	115
3/4 砖墙	原图	18 墙	178
1 砖墙	原图	24 墙	240
3/2 砖墙	原图	37 墙	365
2 砖墙	原图	49 墙	490

数的基础上根据构造层次计算即可。砌块墙在墙厚方向一般没有搭砌的需求，因此墙的厚度就是砌块的厚度。作为建筑内部隔墙时，砌块厚度一般为90～120mm。

2）洞口尺寸

洞口尺寸主要是指门窗洞口，其尺寸应按模数协调统一标准制定，这样可以减少门窗规格，有利于工厂化生产，提高工业化的程度。一般情况下，1000mm以内的洞口尺度采用基本模数100mm的倍数，如600、700、800、900、1000mm；大于1000mm的洞口尺度采用扩大模数300mm的倍数，如1200、1500、1800mm等。

2.3 骨架墙构造

2.3.1 常用骨架墙类型

骨架墙是指由骨架和面层构成的墙体。

常用的骨架有金属骨架和木骨架。骨架墙可以用于建筑的外围护墙和内分隔墙。常见的外围护骨架墙是轻质幕墙，如玻璃幕墙和金属幕墙（图2-22、图2-23），由金属骨架和玻璃或金属面层构成丰富的外立面。用于建筑内分隔的骨架墙，除了采用金属骨架，有时也采用木骨架。

图2-22 玻璃幕墙

图2-23 轻骨架内隔墙

幕墙的构造将在构造下册中进行学习。这里主要介绍大量性民用建筑中常用轻骨架内隔墙的构造。

2.3.2 轻骨架内隔墙构造

轻骨架内隔墙由于是先立墙筋（骨架）后再做面层，因而又称为立筋式隔墙（图2-24）。

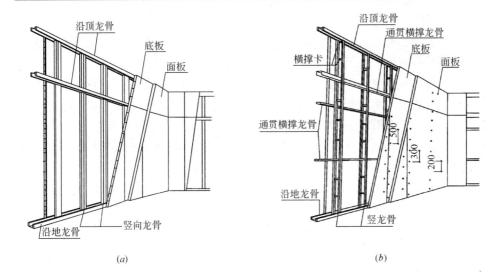

图 2-24 隔墙安装示意图

(a) 无配件骨架；(b) 有配件骨架

1) 骨架

常用的骨架有木骨架和型钢骨架。近年来，为节约木材和钢材，出现了不少采用工业废料和地方材料及轻金属制成的骨架，如石棉水泥骨架、浇注石膏骨架、水泥刨花骨架、轻钢和铝合金骨架等。

木骨架由上槛、下槛、竖向龙骨、斜撑及横档组成，上、下槛及竖向龙骨断面尺寸一般为 45~50mm×70~100mm，斜撑与横档断面相同或略小些，墙筋间距常用 400mm，横档间距可与墙筋相同，也可适当放大。

轻钢骨架是由各种形式的薄壁型钢制成，其主要优点是强度高、刚度大、自重轻、整体性好、易于加工和大批量生产，还可根据需要拆卸和组装。常用的薄壁型钢有 0.8~1mm 厚槽钢和工字钢。

图 2-25 为一种薄壁轻钢骨架隔墙。其安装过程是先用螺钉将上槛、下槛（也称导向骨架）固定在楼板上，上下槛固定后安装钢龙骨，间距为 400~600mm，龙骨上留有走线孔。

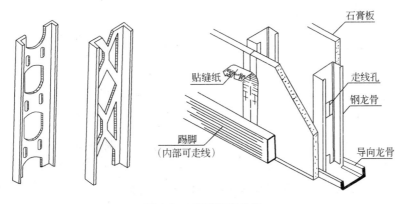

图 2-25 薄壁轻钢骨架

2）面层

轻骨架隔墙的面层常采用人造板材面层，常用的有木质板材、石膏板、硅酸钙板、水泥纤维板等几类。

木质板材有胶合板和纤维板，多用于木骨架。胶合板是用木材经旋切、胶合等多种工序制成。木质板材常用的规格为 2440mm×1220mm。

石膏板有纸面石膏板和纤维石膏板，纸面石膏板是以建筑石膏为主要原料，加其他辅料构成芯材，外表面粘贴有护面纸的建筑板材，根据辅料构成和护面纸性能的不同，使其满足不同的耐水和防火要求。纸面石膏板不应用于>45℃的持续高温环境。纤维石膏板是以熟石膏为主要原料，以纸纤维或木纤维为增强材料制成的板材，具备防火、防潮、抗冲击等优点。

硅酸钙板全称为纤维增强硅酸钙板，是以钙质材料、硅质材料和纤维材料为主要原料，经制浆、成坯与蒸压养护等工序制成的板材，具有轻质、高强、防火、防潮、防蛀、防霉，可加工性好等优点。

水泥纤维板包括纤维增强水泥加压平板（高密度板）、非石棉纤维增强水泥中密度与低密度板（埃特板），是由水泥、纤维材料和其他辅料制成，具有较好的防火及隔声性能。含石棉的水泥加压板材收缩系数较大，对饰面层限制较大，不宜粘贴瓷砖，且不应用于食品加工、医药等建筑内隔墙。埃特板的低密度板适用于抗冲击强度不高，防火性能高的内隔墙。其防潮及耐高温性能亦优于石膏板。中密度板适用于潮湿环境或易受冲击的内隔墙。表面进行压纹设计的瓷力埃特板，大大提高了对瓷砖胶的粘结力，是长期潮湿环境下板材以瓷砖作饰面时的选择。

隔墙的名称以面层材料而定，如轻钢龙骨纸面石膏板隔墙。

人造板与骨架的关系有两种：一种是在骨架的两面或一面，用压条压缝或不用压条压缝即贴面式；另一种是将板材置于骨架中间，四周用压条压住，称为镶板式，如图 2-44 所示。在骨架两侧贴面式固定板材时，可在两层板材中间填入石棉等材料，提高隔墙的隔声、防火等性能。

人造板在骨架上的固定方法有钉、粘、卡三种（图 2-26）。采用轻钢骨架时，往往用骨架上的舌片或特制的夹具将面板卡到轻钢骨架上。这种做法简便、迅

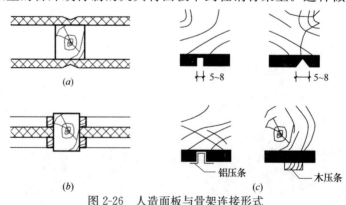

图 2-26　人造面板与骨架连接形式
（a）贴面式；（b）镶板式；（c）面板接缝

速，有利于隔墙的组装和拆卸。

除木质木板材外，其他板材多采用轻钢骨架。图 2-27 为轻钢龙骨石膏板隔墙的构造示例。

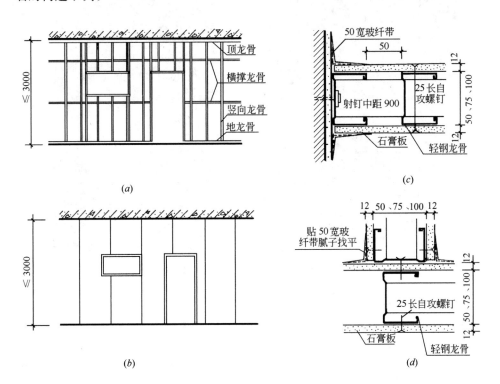

图 2-27 轻钢龙骨石膏板隔墙
（a）龙骨排列；（b）石膏板排列；（c）靠墙节点；（d）丁字隔墙节点

2.4 板材墙构造

板材墙是指墙体由面积较大的板材构成，且不依赖骨架，直接装配而成。板材往往是条板形状便于运输和安装。如各种轻质条板、蒸压加气混凝土板和各种复合板材等。外墙的板材可以固定于框架结构的立柱和横梁处（图 2-28），内墙的板材除了可以固定在框架结构的上述结构构件上，还可以直接固定于不同结构类型的楼板之间（图 2-29）。板材墙有重质板材和轻质板材。建筑内部固定于楼板之间的内隔墙需要采用轻质板材，单板高度相当于房间净高。

装配式工业化建筑的外墙常采用单一或复合材料的板材墙，通过各种连接件与建筑外围的结构构件连接。相关内容在构造下册的工业化部分进一步学习。这里主要介绍用于内分隔的板材隔墙。由于在建筑内部进行分隔，条板的单板高度通常相当于房间的净高，在条板的上下两端与结构构件进行固定。

图 2-28　板材外墙

图 2-29　板材内隔墙

2.4.1　轻质条板隔墙

常用的轻质条板有玻纤增强水泥条板、钢丝增强水泥条板、增强石膏空心条板、轻骨料混凝土条板。条板的长度通常为 2200～4000mm，常用 2400～3000mm。宽度常用 600mm，一般按 100mm 递增，厚度最小为 60mm，一般按 10mm 递增，常用 60、90、120mm。其中空心条板孔洞的最小外壁厚度不宜小于 15mm，且两边壁厚应一致，孔间肋厚不宜小于 20mm。

增强石膏空心条板不应用于长期处于潮湿环境或接触水的房间，如卫生间、厨房等。轻骨料混凝土条板用在卫生间或厨房时，墙面须作防水处理。

条板墙体厚度应满足建筑防火、隔声、隔热等功能要求。单层条板墙体用作分户墙时其厚度不宜小于 120mm；用作户内分隔墙时，其厚度不小于 90mm。由条板组成的双层条板墙体用于分户墙或隔声要求较高的隔墙时，单块条板的厚度不宜小于 60mm。

条板在安装时，与结构连接的上端用粘结材料粘结或固定卡件连接，下端用细石混凝土填实或用一对对口木楔将板底楔紧。在抗震设防 6 至 8 度的地区，条板上端应加 L 形或 U 形钢板卡与结构预埋件焊接固定，或用弹性胶连接填实。对隔声要求较高的墙体，在条板之间以及条板与梁、板、墙、柱相结合的部位应设置泡沫密封胶、橡胶垫等材料的密封隔声层。确定条板长度时，应考虑留出技术处理缝隙，一般为 20mm，当有防水、防潮要求在墙体下部设垫层时，可按实际需要增加。图 2-30 为增强石膏空心条板的安装节点示例。

2.4.2　蒸压加气混凝土板隔墙

蒸压加气混凝土板是由水泥、石灰、砂、矿渣等加发泡剂（铝粉）经原料处理、配料浇注、切割、蒸压养护工序制成，与同种材料的砌块相比，板的块型较

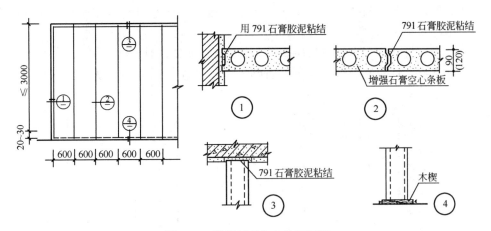

图 2-30 增强石膏空心条板隔墙

大，生产时需要根据其用途配置不同的经防锈处理的钢筋网片。这种板材可用于外墙、内墙和屋面。其自重较轻，可锯、可刨、可钉、施工简单，防火性能较好。由于板内的气孔是闭合的，能有效抵抗雨水的渗透。但不宜用于具有高温、高湿或有化学有害空气介质的建筑中。

用于内墙板的板材宽度通常为 500mm、600mm，厚度为 75mm、100mm、120mm 等，高度按设计要求进行切割。安装时板材之间用水玻璃砂浆或 107 胶砂浆粘结，与结构的连接同轻质条板类同。图 2-31 为加气混凝土板隔墙的安装节点示例。

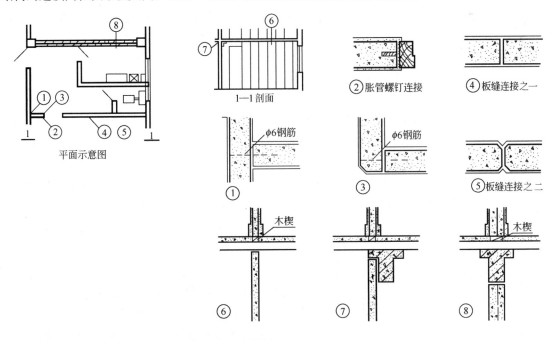

图 2-31 加气混凝土板隔墙

2.4.3 复合板材隔墙

由几种材料制成的多层板材为复合板材。复合板材的面层有石棉水泥板、石膏板、铝板、树脂板、硬质纤维板、压型钢板等。夹芯材料可用矿棉、木质纤维、泡沫塑料和蜂窝状材料等。

复合板材充分利用材料的性能，大多具有强度高，耐火性、防水性、隔声性能好的优点，且安装、拆卸方便，有利于建筑工业化。图 2-32 为几种石棉水泥板面的复合板材。

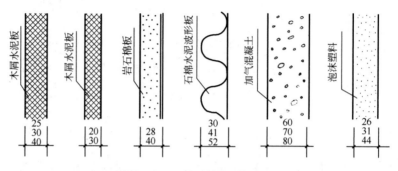

图 2-32　几种石棉水泥复合板

金属面夹芯板也是常用的复合板材，其上下两层为金属薄板，芯材为具有一定刚度的保温材料，如岩棉、硬质泡沫塑料等，在专用的自动化生产线上复合而成具有承载能力的结构板材，俗称为"三明治"板。根据面材和芯材的不同，板的长度一般在 12000mm 以内，宽度为 900mm、1000mm，厚度在 30～250mm 之间。金属面夹芯板是一种多功能的建筑材料，具有高强、保温、隔热、隔声、装饰性能好等优点，既可用于内隔墙，还可用于外墙板、屋面板、吊顶板等。但泡沫塑料夹芯的金属复合板不能用于防火要求高的建筑。

2.5　墙身细部构造

为了保证墙体的耐久性和墙体与其他构件的连接，应在相应的位置进行构造处理。墙身的细部构造包括墙脚、门窗洞口、墙身加固措施及变形缝构造等。

1）墙脚构造

墙脚是指室内地面以下、基础以上的这段墙体。内外墙都有墙脚，外墙的墙脚又称勒脚。墙脚的位置如图 2-33 所示。由于砌体本身存在很多微孔以及墙脚所处的位置，常有地表水和土壤中的水渗入，致使墙身受潮、饰面层脱落、影响室内卫生环境。因此，必须做好墙脚防潮、增强勒脚的坚固及耐久性、排除房屋四周地面水。

吸水率较大、对干湿交替作用敏感的砖和砌块不能用于墙脚部位，如加气混凝土砌块等。

（1）墙身防潮

墙身防潮的方法是在墙脚铺设防潮层，防止土壤和地面水渗入砖墙体。

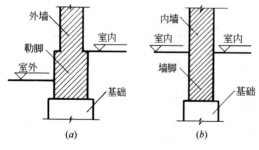

图 2-33　墙脚位置
（a）外墙；（b）内墙

防潮层的位置：当室内地面垫层为混凝土等密实材料时，防潮层的位置应设在垫层范围内，低于室内地坪 60mm 处，同时还应至少高于室外地面 150mm，防止雨水溅湿墙面。当室内地面垫层为透水材料时（如炉渣、碎石等），水平防潮层的位置应平齐或高于室内地面 60mm 处。当内墙两侧地面出现高差时，应设垂直防潮层。墙身防潮层的位置如图 2-34 所示。

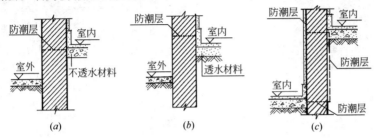

图 2-34 墙身防潮层的位置

（a）地面垫层为密实材料；（b）地面垫层为透水材料；（c）室内地面有高差

墙身防潮层的构造做法常用的有以下三种：第一，防水砂浆防潮层，采用 1：2 水泥砂浆加 3‰～5‰ 防水剂，厚度为 20～25mm 或用防水砂浆砌三皮砖作防潮层。此种做法构造简单，但砂浆开裂或不饱满时影响防潮效果。第二，细石混凝土防潮层，采用 60mm 厚的细石混凝土带，内配三根 ϕ6 钢筋，其防潮性能好。第三，油毡防潮层，先抹 20mm 厚水泥砂浆找平层，上铺一毡二油。此种做法防水效果好，但有油毡隔离，削弱了砖墙的整体性。

如果墙脚采用不透水的材料（如条石或混凝土等），或设有钢筋混凝土地圈梁时，可以不设防潮层。

（2）勒脚构造

勒脚是外墙的墙脚，它和内墙脚一样，受到土壤中水分的侵蚀，应做相同的防潮层。同时，它还受地表水、机械力等的影响，所以要求勒脚更加坚固耐久和防潮。另外，勒脚的做法、高矮、色彩等应结合建筑造型，选用耐久性高的材料或防水性能好的外墙饰面。一般采用以下几种构造做法（图 2-35）。

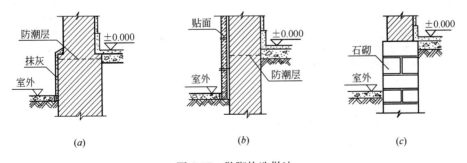

图 2-35 勒脚构造做法

（a）抹灰；（b）贴面；（c）石材

①勒脚表面抹灰 可采用 8～15mm 厚 1：3 水泥砂浆打底，12mm 厚 1：2 水泥白石子浆水刷石或斩假石抹面。图 2-36 为抹灰勒脚的饰面效果。

②勒脚贴面　可用天然石材或人工石材贴面，如花岗石、水磨石板等。贴面勒脚耐久性强、装饰效果较好。图 2-37 为石材贴面勒脚。

图 2-36　抹灰勒脚　　　　　　　　　　　图 2-37　石材贴面勒脚

③勒脚用坚固材料　采用条石、混凝土等坚固耐久的材料做勒脚，如图 2-38 所示。

（3）外墙周围的排水处理

房屋四周可采取散水或明沟排除雨水。图 2-39 即为外墙周围的散水。当屋面为有组织排水时一般设暗沟。屋面为无组织排水时一般设明沟。散水的做法通常是在素土夯实上，铺三合土、混凝土等材料，厚度 60～70mm。散水应设不小于 3‰的排水坡。散水宽度一般 0.6～1.0m。散水与外墙交接处应设分格缝，分格缝用弹性材料嵌缝，防止外墙下沉时将散水拉裂（图 2-40）。

图 2-38　条石勒脚　　　　　　　　　　　图 2-39　外墙周围的散水

常用的明沟构造做法见图 2-41，可用砖砌、石砌、混凝土现浇，沟底应做纵坡，坡度为 0.5%～1%，坡向窨井。沟中心应正对屋檐滴水位置，外墙与明沟之间应做散水。

2）门窗洞口构造

（1）门窗过梁构造

过梁是承重构件，用来支承门窗洞口上墙体的荷重，承重墙上的过梁还要支承楼板荷载。根据材料和构造方式不同，常用的过梁有钢筋混凝土过梁和砖拱过

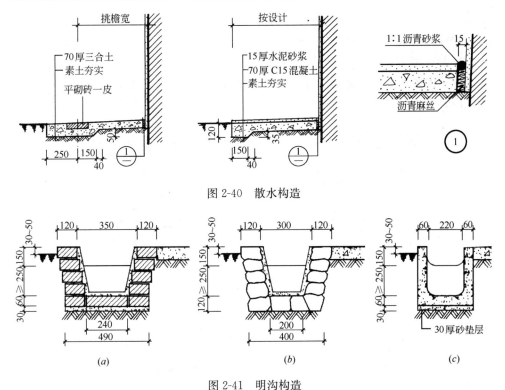

图 2-40 散水构造

图 2-41 明沟构造

(a) 砖砌明沟；(b) 石砌明沟；(c) 混凝土明沟

梁。出于抗震安全的考虑，我国的《建筑抗震设计规范》GB 50011—2010（2016年版）里要求门窗洞处不再采用砖拱过梁，这一做法在历史建筑中存留较多。

①钢筋混凝土过梁 钢筋混凝土过梁承载能力强，可用于较宽的门窗洞口，对房屋不均匀下沉或振动有一定的适应性。预制装配过梁施工速度快，是最常用的一种。图 2-30 为钢筋混凝土过梁的几种形式。

矩形截面过梁施工制作方便，是常用的形式（图 2-42a）。过梁宽度一般同墙厚，高度按结构计算确定，但应配合块材的规格，过梁两端伸进墙内的支承长度

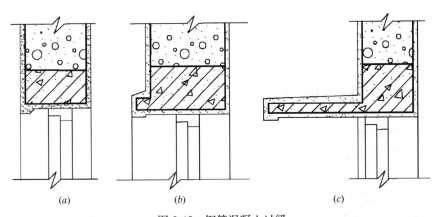

图 2-42 钢筋混凝土过梁

(a) 平墙过梁；(b) 带窗套过梁；(c) 带窗楣过梁

不小于 240mm。在立面中往往有不同形式的窗，过梁的形式应配合处理。如有窗套的窗，过梁截面则为 L 形出挑（图 2-42b）。又如带窗楣，可按设计要求出挑，一般可挑 300～500mm（图 2-42c）。

钢筋混凝土的导热系数大于墙体块材的导热系数，在寒冷地区常采用 L 形过梁，使外露部分的面积减小，或把过梁全部包起来（图 2-43）。

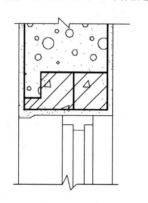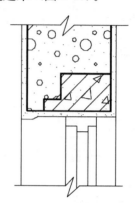

图 2-43 寒冷地区钢筋混凝土过梁

② 平拱砖过梁 砖过梁有各种历史样式。根据当前的《建筑抗震设计规范》GB 50011—2010（2016 年版），砖过梁已不再使用。这里只是对历史样式进行一定的了解。平拱砖过梁是将砖侧砌而成，灰缝上宽下窄使侧砖向两边倾斜，相互挤压形成拱的作用，两端下部伸入墙内 20～30mm，中部的起拱高度约为跨度的 1/50。平拱砖过梁的优点是钢筋、水泥用量少，缺点是力学性能差，施工速度慢，一般用于非承重墙上的门窗，洞口宽度应小于 1.2m。有集中荷载或半砖墙不宜使用。平拱砖过梁可以满足清水砖墙的统一外观效果。

除了上述两种过梁，在砖石承重的建筑中有时也会根据建筑风格和装饰的需要采用其他一些过梁形式，如传统的砖拱或石拱过梁，以及结合细部设计而制作的各种钢筋混凝土过梁的变化形式，如图 2-44 所示。其中，由于砖拱过梁和石拱过梁对于建筑过梁洞口的跨度有一定限制，并且对基础的不均匀沉降适应性较差，不能满足现行《建筑抗震设计规范》GB 50011—2010（2016 年版）的要求，现多见于历史建筑中。

（2）窗台

窗台的作用是排除沿窗面流下的雨水，防止其渗入墙身且沿窗缝渗入室内，同时避免雨水污染外墙面。为便于排水一般设置为挑窗台。处于内墙或阳台等处的窗，不受雨水冲刷，可不必设挑窗台。

挑窗台可以用砖砌，也可以用混凝土窗台构件。砖砌挑窗台根据设计要求可分为：60mm 厚平砌挑砖窗台及 120mm 厚侧砌挑砖窗台（图 2-45）。

砖砌窗台的构造要点是（图 2-46）：

①悬挑窗台向外出挑 60mm，窗台长边可超过窗宽 120mm 压入墙段内。

②窗台表面可做抹灰或贴面处理。侧砌窗台可做水泥砂浆勾缝的清水窗台。

图2-44　其他形式的过梁

（a）砖拱过梁；（b）石拱过梁；（c）钢筋混凝土拱形过梁；（d）钢筋混凝土过梁

图2-45　砖砌挑窗台

③窗台表面应做一定排水坡度，并应注意抹灰与窗下槛的交接处理，防止雨水向室内渗入。

④挑窗台下做滴水槽或斜抹水泥砂浆，引导雨水垂直下落不致影响窗下墙面。

建筑采用涂料外饰面时，尤其是自洁性不好的涂料外饰面，为了更好地保护墙面，窗台表面或者靠外墙安装的外窗下沿，可以设置带滴水的金属披水板，迅

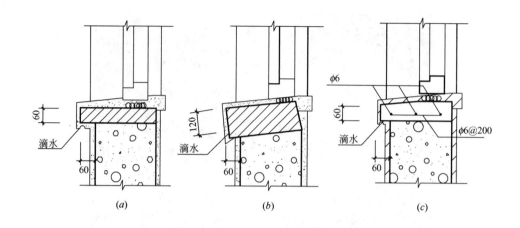

图 2-46 窗台构造
（a）平砌挑砖窗台；（b）侧砌挑砖窗台；（c）混凝土挑窗台

速排走窗台面的积水，避免积水与积灰混合后对墙面的污染（图 2-47）。

图 2-47 带滴水的窗台金属披水板

3）墙身加固措施

（1）块材墙的拉结

块材墙是分散的块料砌筑而成，需要加强砌体自身的整体性。根据《建筑抗震设计规范》GB 50011—2010（2016 年版），砖墙构造柱与墙连接处应砌成马牙槎，沿墙高每隔 500mm 设 $2\phi6$ 水平钢筋和 $\phi4$ 分布短筋平面内点焊组成的拉结网片或 $\phi4$ 点焊钢筋网片，每边伸入墙内不宜小于 1000mm。抗震设防 6、7 度时底部 1/3 楼层，8 度时底部 1/2 楼层，9 度时全部楼层，上述拉结钢筋网片应沿墙体水平通长设置。下部楼层构造柱间的拉结筋贯通，是为了提高多层砖砌体的抗倒塌能力。

块材墙砌筑建筑内部的隔墙时，需要填充于结构梁板之间，其顶部与楼板相接处用立砖斜砌，填塞墙与楼板间的空隙。常用的砖砌隔墙采用半砖隔墙，可以减少一半的墙厚和自重。半砖隔墙坚固耐久，有一定的隔声能力，但自重大，湿作业多，施工麻烦（图 2-48）。半砖隔墙上有门时，要预埋铁件或将带有木楔的混凝土预制块砌入隔墙中以固定门框。

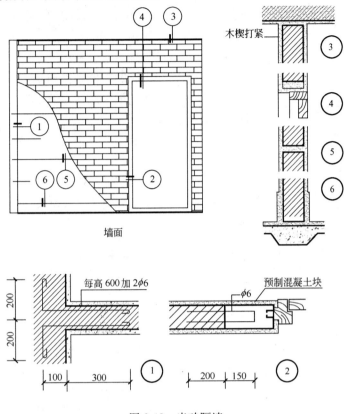

图 2-48 半砖隔墙

砌块墙也需采取加强稳定性措施，其方法与砖墙类似。

框架体系的围护和分隔墙体均为非承重墙（图 2-3c），称为框架填充墙。填充墙是用砖或轻质混凝土块材砌筑在结构框架梁柱之间的墙体，既可用于外墙，也可用于内墙，施工顺序为框架完工后填充墙体。填充墙的自重传递给框架支承。为了减轻自重，通常采用空心砖或轻质砌块，墙体的厚度视块材尺寸而定，用于外围护墙等有较高隔声和热工性能要求时不宜过薄，一般在200mm 左右。

块材填充墙也需要进行拉结。钢筋混凝土框架建筑内，应沿框架柱全高每隔500～600mm 设 2φ6 拉结钢筋深入墙内，拉筋伸入墙内的长度，6、7 度时宜沿墙全长贯通，8、9 度时应全长贯通。8 度和 9 度时，长度大于 5m 的填充墙，墙顶应与楼板或梁拉结，独立墙段的端部及大门洞边宜设钢筋混凝土构造柱。门框的固定方式与半砖隔墙相同。

（2）门垛和壁柱

在墙体上开设门洞一般应设门垛，特别是在墙体转折处或丁字墙处，用以保证墙身稳定和门框安装。门垛宽度同墙厚，长度与块材尺寸规格相对应。如砖墙的门垛长度一般为 120mm 或 240mm。门垛不宜过长，以免影响室内使用。

当墙体受到集中荷载或墙体过长时（如 240mm 厚、长超过 6m）应增设壁柱

图 2-49 某建筑山墙
上的圈梁与过梁

（又叫扶壁柱），使之和墙体共同承担荷载并稳定墙身。壁柱的尺寸应符合块材规格。如砖墙壁柱通常突出墙面 120mm 或 240mm、宽 370mm 或 490mm。

（3）圈梁

圈梁的作用是增加房屋的整体刚度和稳定性，减轻地基不均匀沉降对房屋的破坏，抵抗地震力的影响。圈梁设在房屋四周外墙及部分内墙中，处于同一水平高度，其上表面与楼板底面平，像箍一样把墙箍住。图 2-49 为某建筑的山墙，可以清楚地反映过梁与圈梁的不同位置。

根据《建筑抗震设计规范》GB 50011—2010，多层砖混结构房屋圈梁的设置要求见表 2-3。砌块墙应按楼层每层加设圈梁。

多层砖砌体房屋现浇钢筋混凝土圈梁设置要求　　　表 2-3

墙 类	烈 度		
	6、7	8	9
外墙和内纵墙	屋盖处及每层楼盖处	屋盖处及每层楼盖处	屋盖处及每层楼盖处
内横墙	同上；屋盖处间距不应大于 4.5m；楼盖处间距不应大于 7.2m；构造柱对应部位	同上；各层所有横墙，且间距不应大于 4.5m；构造柱对应部位	同上；各层所有横墙

圈梁应与门窗过梁宜尽量统一考虑，可用圈梁代替门窗过梁。砌块墙中圈梁通常与窗过梁合并，可现浇，也可预制成圈梁砌块。圈梁应闭合，若遇标高不同的洞口，应满足上下搭接的尺度要求（图 2-50）。

圈梁有钢筋混凝土圈梁和钢筋砖圈梁两种。钢筋混凝土圈梁整体刚度好，应用广泛，分整体式和装配整体式两种施工方法。圈梁宽度同墙厚，高度与块材尺寸相对应，如砖墙中一般为 180mm、240mm。

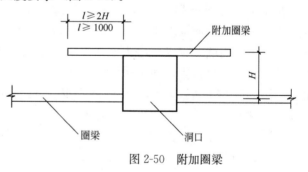

图 2-50　附加圈梁

钢筋砖圈梁用 M5 砂浆砌筑，高度不小于五皮砖，在圈梁中设置 4φ6 的通长钢筋，分上下两层布置。

（4）构造柱

抗震设防地区，为了增加建筑物的整体刚度和稳定性，在使用块材墙的墙承重房屋的墙体中，还需设置钢筋混凝土构造柱，使之与各层圈梁连接，形成空间骨架，加强墙体抗弯、抗剪能力，使墙体在破坏过程中具有一定的韧性，减缓墙体的破坏现象产生。

多层砖房构造柱的设置部位是：外墙四角、错层部位横墙与外纵墙交接处、较大洞口两侧、大房间内外墙交接处。除此之外，根据房屋的层数和地震烈度不同，构造柱的具体设置要求如表2-4。多层砌体房屋当采用单外廊或横墙较少时，或者砌块的抗剪性能不足时，需要在相同层数和烈度条件下提高设置要求。

多层砖砌体房屋构造柱设置要求　　　　　　　　　表2-4

房屋层数				设置的部位	
6度	7度	8度	9度		
四、五	三、四	二、三		楼、电梯间四角，楼梯斜梯段上下端对应的墙体处；外墙四角和对应转角；错层部位横墙与外纵墙交接处；大房间内外墙交接处；较大洞口两侧	隔12m或单元横墙与外纵墙交接处；楼梯间对应的另一侧内横墙与外纵墙交接处
六	五	四	二		隔开间横墙（轴线）与外墙交接处；山墙与内纵墙交接处
七	≥六	≥五	≥三		内墙（轴线）与外墙交接处；内墙局部较小墙垛处；内纵墙与横墙（轴线）交接处

注：较大洞口，内墙指不小于2.1m的洞口；外墙在内外墙交接处已设置构造柱时应允许适当放宽，但洞侧墙体应加强。

构造柱的截面尺寸应与墙体厚度一致。砖墙构造柱的最小截面尺寸为240mm×180mm，竖向钢筋一般用4φ12，钢箍间距不大于250mm，并在柱上下端适当加密。随烈度加大和层数增加，房屋四角的构造柱可适当加大截面及配筋。施工时必须先砌墙，后浇筑钢筋混凝土柱，并应沿墙高每隔500mm设2φ6拉接钢筋，每边伸入墙内不宜小于1000mm（图2-51）。构造柱可不单独设置基础，但应伸入室外地面标高以下500mm，或锚入浅于500mm的基础梁内。

墙承重的多层砌块房屋主要是利用小砌块砌筑，在砌块中通过墙芯柱来实现

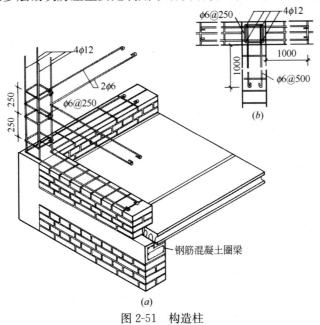

图2-51 构造柱

(a) 外墙转角构造柱；(b) 内外墙构造柱

砖砌体构造柱的结构加强作用。当采用混凝土空心砌块时，应在房屋四大角，外墙转角、楼梯间四角设芯柱（图2-52）。芯柱用C15细石混凝土填入砌块孔中，并在孔中插入通长钢筋。小砌块房屋中也可以用钢筋混凝土构造柱替代芯柱。

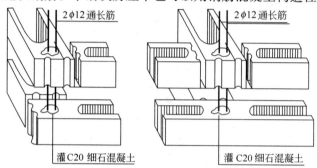

图 2-52　砌块墙墙芯柱构造

4）变形缝

由于温度变化、地基不均匀沉降和地震因素的影响，易使建筑物发生裂缝或破坏，故在设计时应将房屋划分成若干个独立的部分。这种将建筑物垂直分开的预留缝称为变形缝。变形缝包括温度伸缩缝、沉降缝和防震缝三种。

（1）变形缝的类型和设置要求

①伸缩缝：为防止建筑构件因温度变化、热胀冷缩使房屋出现裂缝或破坏，在沿建筑物长度方向相隔一定距离预留垂直缝隙。这种因温度变化而设置的缝叫做温度缝或伸缩缝。

结构设计规范对砖石墙体伸缩缝最大间距作了规定，见表2-5。

砖石墙体温度伸缩缝的最大间距　　　　　　　　　　表 2-5

砌体类别	屋顶或楼板类别		间距（m）
各种砌体	整体式或装配整体式钢筋混凝土结构	有保温层或隔热层的屋顶、楼板层	50
		无保温层或隔热层的屋顶	30
	装配式无檩体系钢筋混凝土结构	有保温层或隔热层的屋顶、楼板层	60
		无保温层或隔热层的屋顶	40
	装配式有檩体系钢筋混凝土结构	有保温层或隔热层的屋顶	75
		无保温层或隔热层的屋顶	60

注：1. 层高大于5m的混合结构单层房屋伸缩缝的间距可按表中数值乘以1.3后采用。但当墙体采用硅酸盐砖、硅酸盐砌块和混凝土砌筑时，不得大于75mm。

　　2. 严寒地区、不采暖的温度差较大且变化频繁地区，墙体伸缩缝的间距，应按表中数值予以适当减少后采用。

　　3. 墙体的伸缩缝内应嵌以轻质可塑材料，在进行立面处理时，必须使缝隙能起伸缩作用。

从表2-5中可以看出伸缩缝间距与墙体的类别有关，特别是与屋顶和楼板的类型有关。整体式或装配整体式钢筋混凝土结构，因整体式屋顶和楼板本身没有自由伸缩的余地，当温度变化时，在结构内部产生温度应力大，因而伸缩缝间距比其他结构形式小些。大量性民用建筑用的装配式无檩和有檩体系钢筋混凝土结构、有保温层或隔热层的屋顶，其伸缩缝间距相对要大些。

　　伸缩缝是从基础顶面开始，将墙体、楼板、屋顶全部构件断开，因为基础埋于地下，受气温影响较小，不必断开。伸缩缝的宽度一般为 20～30mm。

　　②沉降缝：为防止建筑物各部分由于地基不均匀沉降引起房屋破坏所设置的垂直缝称为沉降缝。沉降缝将房屋从基础到屋顶的全部构件断开，使两侧各为独立的单元，可以在垂直方向自由沉降。

　　凡属下列情况应设置沉降缝：

　　A. 建筑物位于不同种类的地基土壤上，或在不同时间内修建的房屋各连接部位。

　　B. 建筑物形体比较复杂，在建筑平面转折部位和高度、荷载有很大差异处。

　　沉降缝的宽度与地基情况及建筑高度有关，地基越弱的建筑物，沉陷的可能性越高，沉陷后所产生的倾斜距离越大，要求的缝宽越大。沉降缝宽度见表 2-6。

沉降缝的宽度　　　　　　　　　　　　　　　表 2-6

地基性质	房屋高度 H	缝宽 B（mm）
一般地基	＜5 m	30
	5～10 m	50
	10～15 m	70
软弱地基	2～3 层	50～80
	4～5 层	80～120
	5 层以上	＞120
湿陷性黄土地基		≥30～70

　　注：沉降缝两侧单元层数不同时，由于高层影响，低层倾斜往往很大，因此宽度按高层确定。

　　③ 防震缝：体型复杂、平面不规则的建筑，或建筑物有高差或错层组合、或房屋各部分的结构刚度、质量截然不同时，这些建筑物在受地震的影响下，上述不同区域会有不同的振幅和振动周期，这时如果将房屋的各部分相互连接在一起易发生裂缝、断裂等现象，因此应设防震缝，将建筑物分为若干体型简单、结构刚度均匀的独立单元。在抗震设防烈度 6～9 度地区，应根据不规则程度、地基基础条件和技术经济等因素的比较分析，确定是否设置防震缝，在适当部位将建筑体型形成多个较规则的抗侧力结构单元。

　　抗震缝应根据抗震设防烈度、结构材料种类、结构类型、结构单元的高度和高差以及可能的地震扭转效应的情况，留有足够的宽度，其两侧的上部结构应完全分开。一般多层砌体房屋为 70～100mm，钢筋混凝土结构的房屋不宜小于100mm，钢结构房屋的缝宽不应小于相应钢筋混凝土房屋缝宽的 1.5 倍。

　　一般情况下防震缝仅在基础以上设置，但防震缝应同伸缩缝和沉降缝协调布置，做到一缝多用。当防震缝与沉降缝结合设置时，基础也应断开。

　　（2）墙体变形缝构造

　　伸缩缝应保证建筑构件在水平方向自由变形，沉降缝应满足构件在垂直方向自由沉降变形，防震缝主要是防地震水平波的影响，但三种缝的构造基本相同。

变形缝的构造要点是：将缝两侧建筑构件全部断开，以保证自由变形。砖混结构变形缝处，可采用单墙或双墙承重方案，框架结构可采用悬挑方案。变形缝应力求隐蔽，如设置在平面形状有变化处，还应在上构造采取措施，防止风雨对室内的侵袭。

墙体变形缝的构造，在外墙与内墙的处理中，由于位置不同而各有侧重。缝的宽度不同，构造处理不同。

砖砌外墙厚度在一砖以上者，应做成错口缝或企口缝的形式，厚度在一砖或小于一砖时可做成平缝（图 2-53）。为保证外墙自由变形，并防止风雨影响室内，应用沥青麻丝等弹性填缝材料填嵌缝隙。

当变形缝宽度较大时，应考虑盖缝处理（图 2-54）。缝口可采用镀锌薄钢板或铝板盖缝调节（图 2-55a、c）。

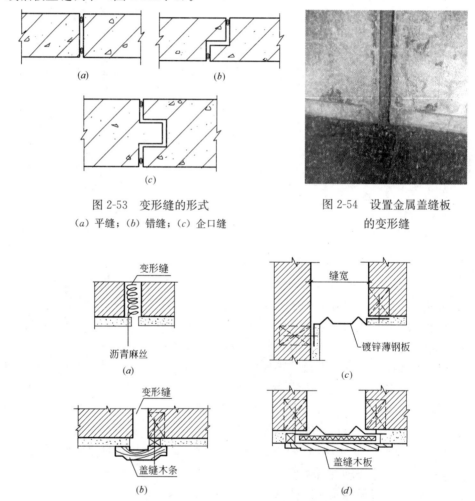

图 2-53 变形缝的形式

（a）平缝；（b）错缝；（c）企口缝

图 2-54 设置金属盖缝板的变形缝

图 2-55 变形缝构造

（a）外墙；（b）内墙；（c）外墙；（d）内墙

内墙变形缝着重表面处理，可采用木条或金属盖缝，仅一边固定在墙上，允许自由移动（图 2-55b、d）。

附录 1 常用砖的尺寸规格标准

简图	名称	规格（长×宽×厚）(mm)	备 注
实心砖	烧结普通砖	主砖规格：240×115×53	
		配砖规格：175×115×53	
	蒸压粉煤灰砖	240×115×53	
空心砖	蒸压灰砂砖	实心砖：240×115×53	只是目前生产的产品规格，没有相应的规定标准；孔洞率不小于 15%
		空心砖：240×115×(53、90、115、175)	
	烧结空心砖	290×190(140)×90	孔洞率不小于 35%
		240×180(175)×115	
多孔砖	烧结多孔砖	P 型：240×115×53	孔洞率 15%～30%；砖型、外形尺寸、孔型、空洞尺寸详见国家建筑标准图集《多孔砖墙体建筑构造》(96(03)SJ101)
		M 型：190×190×90	

复 习 思 考 题

1. 简述墙体类型的分类方式及类别。
2. 简述砖混结构的几种结构布置方案及特点。
3. 提高外墙的保温能力有哪些措施？
4. 墙体设计在使用功能上应考虑哪些设计要求？
5. 砖墙组砌的要点是什么？
6. 简述墙脚水平防潮层的设置位置、方式及特点。
7. 墙身加固措施有哪些？有何设计要求？
8. 何谓"变形缝"？有什么设计要求？
9. 图示内、外墙变形缝构造各两种。
10. 试比较几种常用隔墙的特点。

第 3 章
楼地层

Chapter 3

Floor and Ground

3.1　概　述

楼地层包括楼盖层和地坪层，是水平方向分隔房屋空间的承重构件，楼盖层分隔上下楼层空间，地坪层分隔大地与底层空间。由于它们均是供人们在上面活动的，因而有相同的面层；但由于它们所处位置不同、受力不同，因而结构层有所不同。楼盖层的结构层为楼板，楼板将所承受的上部荷载及自重传递给墙或梁柱，并由墙或梁柱传给基础。楼盖层有隔声等功能要求；地坪层的结构层为垫层，垫层将所承受的荷载及自重均匀地传给夯实的地基（图 3-1）。

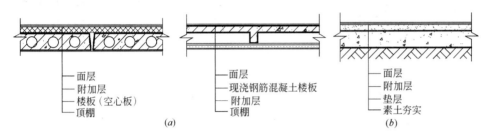

图 3-1　楼地层的组成

（*a*）楼盖层；（*b*）地坪层

3.1.1　楼盖层的基本组成及设计要求

1）楼盖层的基本组成

为了满足使用要求，楼盖层通常由面层、楼板、顶棚三部分组成。

（1）面层

又称楼面或地面，起着保护楼板、承受并传递荷载的作用，同时对室内有很重要的清洁及装饰作用。

（2）楼板

它是楼盖层的结构层，一般包括梁和板。主要功能是承受楼盖层上的全部静、活荷载，并将这些荷载传给墙或柱，同时还对墙身起水平支撑的作用，增强房屋刚度和整体性。

（3）顶棚

它是楼盖层的下面部分。根据其构造不同，有抹灰顶棚、粘贴类顶棚和吊顶棚三种。

多、高层建筑中，楼盖层往往还需设置管道敷设、防水、隔声、保温等各种附加层。

2）楼盖层的设计要求

楼盖层的设计应满足建筑的使用、结构、施工以及经济等多方面的要求。

（1）楼板具有足够的承载力和刚度

楼板具有足够的承载力和刚度才能保证楼板的安全和正常使用。足够的承载力指楼板能够承受使用荷载和自重。使用荷载因房间的使用性质不同而各异，自重系指楼盖层材料的自重。足够的刚度即是指楼板的变形应在允许的范围内。

（2）满足隔声、防火、热工等方面的要求

为了防止噪声通过楼板传到上下相邻的房间，影响其使用，楼板层应具有一定的隔声能力。不同使用性质的房间对隔声的要求不同，但均应满足各类建筑房间的允许噪声级和撞击声隔声量（表3-1、表3-2）。

室内允许噪声级（昼间）　　　　　　　　　表3-1

建筑类别	房间名称		允许噪声级（A声级）(dB)			
住宅	卧室		普通住宅		高要求住宅	
			昼间	夜间	昼间	夜间
			≤45	≤37	≤40	≤30
	起居室（厅）		≤45		≤40	
学校	教学用房	语言教室、阅览室	≤40			
		普通教室、实验室、计算机房	≤45			
		音乐教室、琴房	≤45			
		舞蹈教室	≤50			
	辅助用房	教师办公室、休息室、会议室	≤45			
医院	病房、医护人员休息室		高要求标准		低限标准	
	各类重症监护室		昼间	夜间	昼间	夜间
			≤40	≤35[注1]	≤45	≤40
			≤40	≤35	≤45	≤40
	诊室		≤40		≤45	
	手术室、分娩室		≤40		≤45	
	听力测试区		—		≤25[注2]	
	人口大厅、候诊厅		≤50		≤55	
旅馆	房间名称		特级		一级		二级	
			昼间	夜间	昼间	夜间	昼间	夜间
	客房		≤35	≤30	≤40	≤35	≤45	≤40
	办公室、会议室		≤40		≤45		≤45	
	多用途厅		≤40		≤45		≤50	
	餐厅、宴会厅		≤45		≤50		≤55	
办公	房间名称		高要求标准		低要求标准	
	单人办公室		≤35		≤40	
	多人办公室		≤40		≤45	
	电视电话会议室		≤35		≤40	
	普通会议室		≤40		≤45	

续表

建筑类别	房间名称	允许噪声级（A声级）（dB）	
	房间名称	高要求标准	低要求标准
商业	商场、商店、购物中心、会展中心	≤50	≤55
	餐厅	≤45	≤55
	员工休息室	≤40	≤45
	走廊	≤50	≤60

撞击声隔声标准表　　　　　　　　　　　　　表3-2

建筑名称	楼板部位	计权标准化撞击声压级（dB）			
住宅	卧室、起居室（厅）的分户楼板	普通住宅		高要求住宅	
		试验室测量	现场测量	试验室测量	现场测量
		＜75	≤75	＜65	≤65
学校	构件名称	试验室测量		现场测量	
	语言教室、阅览室与上层房间之间的楼板	＜65		≤65	
	普通教室、实验室、计算机房与上层产生的噪声的房间之间的楼板	＜65		≤65	
	音乐教室、琴房之间的楼板	＜65		≤65	
	普通教室之间的楼板	＜65		≤65	
医院	构件名称	高要求标准		低限标准	
	病房、手术室与上层房间之间的楼板	试验室测量	现场测量	试验室测量	现场测量
		＜65	≤65	＜75	≤75
	听力测听室与上层房间之间的楼板	—	—	—	≤60

建筑名称	楼板部位	计权标准化撞击声压级（dB）					
旅馆	客房与上层房间之间的楼板	特级		一级		二级	
		试验室测量	现场测量	试验室测量	现场测量	试验室测量	现场测量
		＜55	≤55	＜65	≤65	＜75	≤75

办公	办公室、会议室顶部的楼板	高要求标准		低要求标准	
		试验室测量	现场测量	试验室测量	现场测量
		＜65	≤65	＜75	≤75
商业	健身中心、娱乐场所等与噪声敏感房间之间的楼板	高要求标准		低要求标准	
		试验室测量	现场测量	试验室测量	现场测量
		＜45	≤45	＜50	≤50

噪声的传播途径有空气传声和固体传声两种。空气传声，如说话声及吹号、拉提琴等乐器声都是通过空气来传播的。隔绝空气传声可采取使楼板密实、无裂缝等构造措施来达到。固体传声系指步履声、移动家具对楼板的撞击声、缝纫机和洗衣机等振动对楼板发出的噪声等是通过固体（楼盖层）传递的。由于声音在固体中传递时，声能衰减很少，所以固体传声较空气传声的影响更大。因此，楼盖层隔声主要是针对固体传声。

• 隔绝固体传声对下层空间的影响，其方法之一是在楼盖面铺设弹性面层，以减弱撞击楼板时振动所产生的声能，如铺设地毯、橡皮、塑料等（图3-2a）。这种方法比较简单，隔声效果也较好，同时还起到了装饰美化室内空间的作用，是采用得较广泛的一种方法。

• 第二种隔绝固体传声的方法是设置片状、条状或块状的弹性垫层（如橡胶垫、软木片、玻璃棉板等），其上做面层形成浮筑式楼板（图3-2b）。这种楼板是通过弹性垫层的设置来减弱由面层传来的固体声能达到隔声的目的。

• 隔绝固体传声的第三种方法是结合室内空间的要求，在楼板下设置弹性吊顶棚（吊顶），使撞击楼板产生的振动不能直接传入下层空间。在楼板与顶棚间留有空气层，吊顶与楼板采用弹性挂钩连接，使声能减弱。对隔声要求高的房间，还可在顶棚上铺设吸声材料，或顶棚直接使用吸声板面层，加强隔声效果（图3-2c）。

对于防固体声的三种措施，以面层处理采用较多；浮筑式楼盖层虽增加造价不多，效果也较好，但施工较麻烦，因而采用较少；和前面两种措施不同的是，弹性吊顶棚主要用于使用空间内部针对上层楼板隔声的加强措施，并且对施工质量要求较高。

楼盖层应根据建筑物的等级、对防火的要求进行设计。建筑物的耐火等级对构件的耐火极限和燃烧性能有一定的要求。

楼盖层还应满足一定的热工要求。对于有一定温、湿度要求的房间，常在楼盖层中设置保温层，使楼面的温度与室内温度一致，减少通过楼板的冷热损失。一些房间，如厨房、厕所、卫生间等地面潮湿、易积水，应处理好楼盖层的防渗漏问题。

（3）满足建筑经济的要求

在一般情况下，多层房屋楼盖的造价占房屋土建造价的20%～30%。因此，应注意结合建筑物的质量标准、使用要求以及施工技术条件，选择经济合理的结构形式和构造方案，尽量减少材料的消耗和楼盖层的自重，并为工业化创造条件，以加快建设速度。

3.1.2 楼板的类型及选用

根据使用的材料不同，楼板分木楼板、钢筋混凝土楼板、压型钢板组合楼板等。

1）木楼板

木楼板是在由墙或梁支承的木搁栅上铺钉木板作为楼板层的做法。木楼板具有自重轻、保温性能好、舒适、有弹性等优点，但易燃、易腐蚀、易被虫蛀、耐久性差，需耗用大量木材。所以，在我国现代建筑中木楼板已基本不再采用。

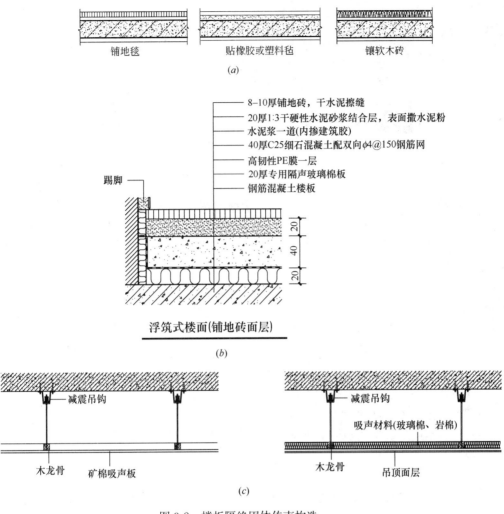

图 3-2 楼板隔绝固体传声构造

（a）弹性面层隔声构造；（b）浮筑式楼板隔声构造；（c）吊顶棚隔声构造

2）钢筋混凝土楼板

钢筋混凝土楼板具有强度高、防火性能好、耐久、便于工业化生产等优点。此种楼板形式多样，是我国应用最广泛的一种楼板。

3）压型钢板组合楼板

压型钢板组合楼板是用钢梁和截面为凹凸形的压型钢板与现浇钢筋混凝土叠合形成的整体性很强的一种楼板结构。压型钢板的作用，既为上部混凝土的模板，又起结构作用，从而增加楼板的侧向和竖向刚度，使结构的跨度加大、梁的数量减少、楼板自重减轻、加快施工进度，在高层建筑中得到广泛的应用，如图3-3所示。

压型钢板组合式楼板的整体连接是由栓钉（又称抗剪螺钉）将钢筋混凝土、压型钢板和钢梁组合成整体。

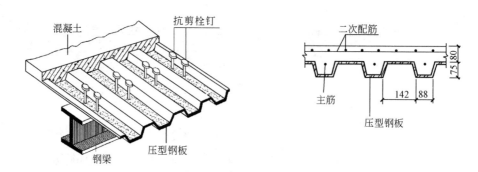

图 3-3　压型钢板组合楼板

栓钉是组合楼板的剪力连接件，楼面的水平荷载通过它传递到梁、柱、框架，所以又称剪力螺钉。其规格、数量是按楼板与钢梁连接处的剪力大小确定的，栓钉应与钢梁牢固焊接。

3.2　钢筋混凝土楼板

根据钢筋混凝土楼板施工方法的不同，可分为现浇式、装配式和装配整体式三种。现浇钢筋混凝土楼板整体性好，刚度大，利于抗震，梁板布置灵活，能适应各种不规则形状和需留孔洞等特殊要求的建筑，但模板材料的耗用量大。装配式钢筋混凝土楼板能节省模板，并能改善构件制作时工人的劳动条件，有利于提高劳动生产率和加快施工进度，但楼板的整体性较差，房屋的刚度也不如现浇式的房屋刚度好。一些房屋为节省模板，加快施工进度和增强楼板的整体性，常做成装配整体式楼板。

3.2.1　装配式钢筋混凝土楼板

装配式钢筋混凝土楼板是把楼板分成若干构件，在工厂或预制场预先制作好，然后在施工现场进行安装。预制板的长度应与房屋的开间或进深一致，长度一般为 300mm 的倍数。板的宽度根据制作、吊装和运输条件以及有利于板的排列组合确定，一般为 100mm 的倍数。板的截面尺寸、材料和配筋须经过结构计算确定。

常用的预制钢筋混凝土板，根据其截面形式可分为平板、槽形板和空心板三种类型（图 3-4）。

1）平板

实心平板一般用于小跨度（2400mm 以内），板的厚度通常为板跨的 1/30。平板板面上下平整，制作简单，但自重较大，隔声效果差，常用作走道板、卫生间楼板、阳台板、雨篷板、管沟盖板等处。

2）槽形板

当板的跨度尺寸较大时，为了减轻板的自重，提高板的刚度可将板做成由肋和板构成的槽形板。槽形板的板宽通常为 500～1200mm。跨长为 3～6m 的非预应力

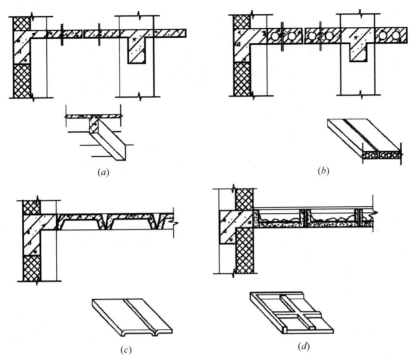

图 3-4　预制钢筋混凝土板的类型
（a）平板；（b）空心板；（c）正放槽形板；（d）倒放槽形板

槽形板，板肋高为 120～240mm，板的厚度仅为 30mm。槽形板减轻了板的自重，具有省材料、便于在板上开洞等优点，但隔声效果差。当槽形板正放（肋朝下）时，板底不平整（图 3-4c）；槽形板倒放（肋向上）时，需在板上进行构造处理，使其平整，槽内可填轻质材料起保温、隔声作用（图 3-4d）。槽形板正放常用作厨房、卫生间、库房等楼板。当对楼板有保温、隔声要求时，可考虑采用倒放槽形板。

3）空心板

空心板从力学性能上是槽形板的特例，结合考虑隔声的要求，并使板面上下平整，可将预制板抽孔做成空心板（图 3-4b），空心板的孔洞有圆形、椭圆形、矩形、方形等。矩形孔较为经济，但抽孔困难，圆形孔的板刚度较好，制作也较方便，因此使用较广。根据板的宽度，孔数有单孔、双孔、三孔、多孔。目前我国预应力空心板的跨度尺寸可达到 6、6.6、7.2m 等，板的厚度多为 100～300mm。空心板的优点是节省材料、隔声隔热性能较好，缺点是板面不能任意打洞。

3.2.2 现浇式钢筋混凝土楼板

1）现浇肋梁楼板

现浇肋梁楼板由板、次梁、主梁现浇而成。根据板的受力状况不同，有单向板肋梁楼板、双向板肋梁楼板。单向板的平面长边与短边之比不小于 3，可认为这种板受力后仅向短边传递。双向板的平面长边与短边之比不大于 2，受力后向两个方向传递。当长边与短边长度之比大于 2、但小于 3 时，宜按双向板计算。如图 3-5 所示单向板肋梁楼板，板由次梁支承，次梁的荷载传给主梁。在进行肋梁楼板的布置时应遵循以下原则：

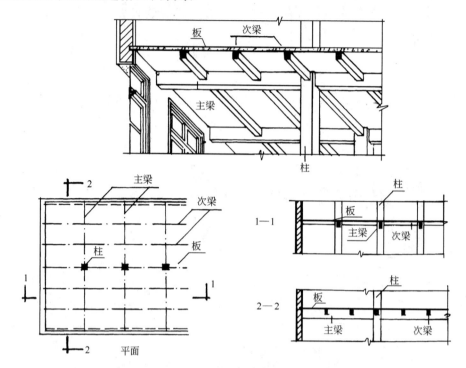

图 3-5　现浇肋梁楼板

（1）承重构件，如柱、梁、墙等应有规律地布置，宜做到上下对齐，以利于结构传力直接，受力合理。

（2）板上不宜布置较大的集中荷载，自重较大的隔墙和设备宜布置在梁上，梁应避免支承在门窗洞口上。

（3）满足经济要求。一般情况下，常采用的单向板跨度尺寸为 1.7～2.7m，不宜大于 4m。双向板短边的跨度宜小于 4m。次梁的经济跨度为 4～7m；主梁的经济跨度为 5～8m。

2）井式楼板

当肋梁楼板两个方向的梁不分主次、高度相等、同位相交、呈井字形时，则称为井式楼板（图 3-6）。因此，井式楼板实际是肋梁楼板的一种特例。井式楼板的板为双向板，所以，井式楼板也是双向板肋梁楼板。

井式楼板宜用于正方形平面，长短边之比不大于 1.5 的矩形平面也可采用。梁与楼板平面的边线可正交也可斜交。此种楼板的梁板布置图案美

图 3-6　井式楼板

观，有装饰效果，并且由于两个方向的梁互相支撑，为创造较大的建筑空间创造了条件。所以，一些大空间采用了井式楼板，其跨度可达 20～30m，梁的间距一般为 3m 左右。

3）无梁楼盖

当楼板不设梁，而将楼板直接支承在柱上时，则为无梁楼盖。无梁楼盖是一种双向受力的板柱结构（图 3-7）。为了提高柱顶处平板的受冲切承载力，往往在柱顶设置柱帽，柱帽的形式有方形、圆形、多边形等。无梁楼盖采用的柱网通常为正方形或接近正方形，这样受力较为合理。常用的柱网尺寸为 6m 左右，板厚约为 160～200mm。采用无梁楼盖，顶棚平整，有利于室内的采光、通风，视觉效果较好，且能减少楼板所占的空间高度，但楼板较厚，当楼面荷载较小时不经济。无梁楼盖常用于商场、仓库、多层车库等建筑内。

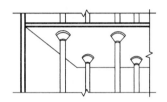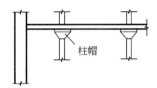

图 3-7　无梁楼盖

无梁楼盖抗侧刚度较差，当层数较多或有抗震要求时，宜设置剪力墙，形成板柱—剪力墙结构。

3.2.3　装配整体式钢筋混凝土楼板

1）密肋填充块楼板

密肋填充块楼板是指现浇（或预制）密肋小梁间安放预制空心砌块并现浇面板而制成的楼板结构。密肋填充块楼板由密肋楼板和填充块叠合而成，密肋小梁有现浇和预制两种，常用陶土空心砖或矿渣混凝土空心砖等作为密肋楼板肋间填充块，然后现浇密肋和面板。肋的间距视填充块的尺寸而定，一般为 300～600mm，面板厚度一般为 40～50mm（图 3-8）。密肋填充块楼板板底平整，有较好的隔声、保温、隔热效果，且整体性好。但由于楼板结构厚度偏大，施工较为麻烦，密肋填充楼板的应用受到一定限制。

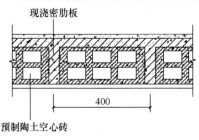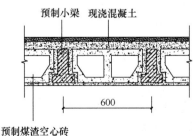

图 3-8　密肋填充块楼板

2）叠合式楼板

现浇钢筋混凝土楼板的整体性好，但施工速度慢，耗费模板；装配式钢筋混凝土楼板的整体性差，但施工速度快，省模板；预制薄板与现浇混凝土面层叠合而成的装配整体式楼板，或称叠合式楼板，则既省模板，整体性又好，但施工较麻烦（图3-9）。叠合式楼板的预制钢筋混凝土薄板既是永久性模板承受施工荷载，也是整个楼板结构的一个组成部分。预应力混凝土薄板内配以高强钢丝作为预应力筋，同时也是楼板的跨中受力钢筋，板面现浇混凝土叠合层，只需配置少量的支座负弯矩钢筋。所有楼盖层中的管线均事先埋在叠合层内，现浇层内预制薄板底面平整，作为顶棚，可直接喷浆或粘贴装饰顶棚壁纸。

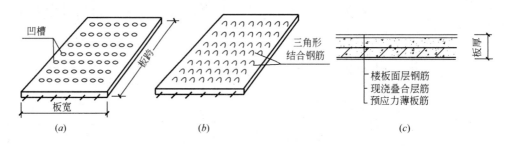

图 3-9　叠合式楼板
(a) 板面刻槽楼板；(b) 板面露出三角形结合钢筋；(c) 叠合组合楼板结合钢筋

为了保证预制薄板与叠合层有较好的连接，薄板上表面需作处理，常见的有两种：一是在上表面作刻槽处理，见图3-9 (a)，刻槽直径50mm、深20mm、间距150mm；另一种是在薄板上表面露出较规则的三角形状的结合钢筋，见图3-9 (b)。现浇叠合层的混凝土强度等级为C20，厚度一般为70～120mm。叠合楼板的总厚取决于板的跨度，一般为150～250mm，楼板厚度以薄板厚度的两倍为宜。

3.3　地坪层构造

地坪层是建筑物底层与土壤相接的构件，和楼板层一样，它承受着底层地面上的荷载，并将荷载均匀地传给地基。

地坪层由面层、垫层和素土夯实层构成。根据需要还可以设各种附加构造层，如找平层、结合层、防潮层、保温层、管道敷设层等。

1）素土夯实层

素土夯实层是承受底层地面荷载的土层，也称地基。地基的填土应选用砂土、粉土、黏性土及其他有效填料，不得使用过湿土、淤泥、腐殖土、冻土、膨胀土及有机物含量大的土。经夯实后，才能承受垫层传下来的地面荷载。通常是分层填300mm厚的素土夯实成200mm厚，使之能均匀承受荷载。

2）垫层

垫层是承受并传递荷载给地基的结构层，垫层有刚性垫层和非刚性垫层之分。刚性垫层常用低强度等级混凝土，一般采用C20混凝土，其厚度为80～

100mm；非刚性垫层，一般采用各种散粒材料，如砂、碎石、炉渣、灰土等压实而成。常用 50mm 厚砂垫层、80～100mm 厚碎石灌浆、50～70mm 厚石灰炉渣、70～120mm 厚三合土（石灰、炉渣、碎石）。

刚性垫层用于薄而大的整体面层和块状面层，如水磨石地面、瓷砖地面、大理石地面等。面积大的刚性垫层需考虑设置防止变形的分格缝。

非刚性垫层常用于较厚的块状面层，如混凝土地面、水泥制品块地面等。

对某些室内荷载大地基差且有保温等特殊要求的地方，或面层装修标准较高的地面，可在地基上先做非刚性垫层，再做一层刚性垫层，即复式垫层。

底层地面垫层材料的厚度和要求，应根据地基土质特性、地下水特征、使用要求、面层类型、施工条件以及技术经济等综合因素确定。不同地面垫层的厚度要求见表 3-3。

不同地面垫层的厚度要求　　　　　　　　　　　表 3-3

垫层名称	材料强度等级或配合比	最小厚度（mm）
混凝土	≥C15	80
三合土	1∶2∶4（石灰∶砂∶碎砖）	100
灰　土	3∶7 或 2∶8（熟化石灰∶粘性土）	100
砂	—	60
砂石、碎石	—	100
炉　渣	1∶6（水泥∶石灰）或 1∶1∶6（水泥∶石灰∶炉渣）	80

3) 面层

地坪面层与楼盖面层一样，是人们日常生活、工作、生产直接接触的地方，根据不同房间，对面层有不同的要求，面层应坚固耐磨、表面平整、光洁、易清洁、不起尘。对于居住和人们长时间停留的房间，要求有较好的蓄热性和弹性；浴室、厕所则要求耐潮湿、不透水；厨房、锅炉房要求地面防水、耐火；实验室则要求耐酸碱、耐腐蚀等（表 3-4）。

常用垫层面层材料强度等级和厚度　　　　　　　表 3-4

面层材料		材料强度等级	厚度（mm）
混凝土（垫层兼面层）		≥C20	按垫层确定
细石混凝土		≥C20	40～60
水泥砂浆		≥M15	20
现制水磨石		≥C20	≥30
耐磨混凝土（金属骨料面层）		≥C30	50～80
钢纤维混凝土		≥CF30	60
陶瓷地砖（防滑地面、釉面地面）		—	8～14
大理石、花岗石板		—	20～40
花岗岩条、块石		≥MU60	80～120
玻璃板（不锈钢压边、收口）		—	12～24
木板、竹板	单层		18～22
	双层		12～20
橡胶板			3

3.4　阳台及雨篷

阳台是多层或高层建筑中不可缺少的室内外过渡空间，为人们提供户外活动的场所。阳台的设置对建筑物的外部形象也起着重要的作用（图3-10）。

图 3-10　各种阳台

3.4.1　阳台的类型、组成及要求

阳台按使用要求不同可分为生活阳台和服务阳台。根据阳台与建筑物外墙的关系，可分为挑（凸）阳台、凹阳台和半挑半凹阳台（图3-11）。按阳台在外墙上所处的位置不同，有中间阳台和转角阳台之分。

阳台由承重结构（梁、板）和栏杆组成。阳台的结构及构造设计应满足以下要求：

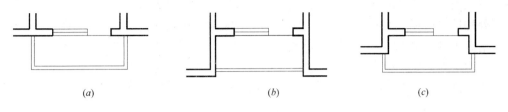

图 3-11 阳台类型

(*a*) 挑阳台；(*b*) 凹阳台；(*c*) 半凸半凹阳台

1）安全、坚固

挑阳台及半挑半凹阳台的出挑部分的承重结构均为悬臂结构，阳台挑出长度应满足结构抗倾覆的要求，以保证结构安全。阳台栏杆、扶手构造应坚固、耐久，并能承受规范规定的水平荷载。

2）适用、美观

阳台挑出长度根据使用要求确定，一般为 1.0～1.5m。阳台地面的装饰完成面应适度低于室内地面，以免雨水流入室内，并应做一定坡度和布置排水设施，使排水顺畅（图 3-12）。阳台栏杆应结合地区气候特点，并满足防护安全和立面造型的需要。

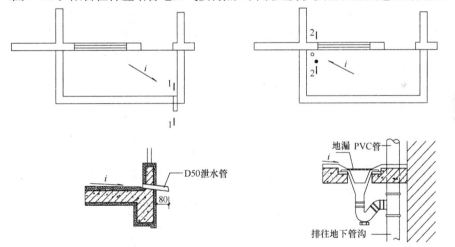

图 3-12 阳台排水处理

3.4.2 阳台承重结构的布置

阳台承重结构通常是楼板的一部分，因此阳台承重结构应与楼板的结构布置统一考虑。钢筋混凝土阳台可采用现浇式、装配式或现浇与装配相结合的方式。

凹阳台的阳台板结构布置方式如下：在墙承重结构体系中，阳台板可直接由阳台两侧的墙支承，可采用与阳台进深尺寸相同的板铺设；在框架结构体系中，阳台板直接由阳台两侧的梁支承，以整体的梁板体系来支撑荷载。

挑阳台的结构布置可采用：

1）挑梁搭板

在墙承重结构体系中，在阳台两端设置挑梁，挑梁上搭板（图 3-13）。此种方式构造简单、施工方便，阳台板与楼板规格一致，是较常采用的一种方式。在处理挑梁与板的关系上有几种方式：第一种是挑梁外露（图3-13a），阳台正立面上露出挑梁梁头；第二种是在挑梁梁头设置边梁（图3-13b），在阳台外侧边上加一边梁封住挑梁梁头，阳台底边平整，使阳台外形较简洁；第三种设置"L"形挑梁（图3-13c），梁上搁置卡口板，使阳台底面平整，外形简洁、轻巧、美观，但增加了构件类型。

在框架结构中，主体结构的框架梁板出挑，阳台外侧为边梁（图3-13d）。

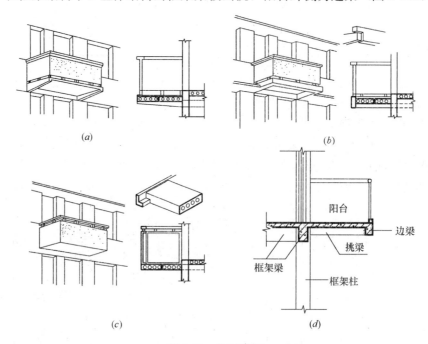

(a)　　　　　　　　　　　　(b)

(c)　　　　　　　　　　　　(d)

图 3-13　挑梁搭板

（a）挑梁外露；（b）设置边梁；（c）L形挑梁卡口板；（d）框架结构挑梁板阳台

2）悬挑阳台板

即阳台的承重结构是由楼板挑出的阳台板构成（图3-14）。此种方式阳台板底平整，造型简洁，但阳台的出挑长度受限制。悬挑阳台板有以下两种：一种是楼板悬挑阳台板，如采用装配式楼板，则会增加板的类型（图3-14a）；另一种方式是墙梁悬挑阳台板，外墙不承重时阳台板靠墙梁（可加长）与梁上外墙的自重平衡（图3-14b）；外墙承重时阳台板靠墙梁和梁上支承的楼板荷载平衡（图3-14c）；在条件许可的情况下，可将阳台板与梁做成整块预制构件，吊装就位后用铁件与大型预制板焊接（图3-14d）。

框架结构中，由框架结构中的梁直接悬挑出板，结构简洁，整个框架结构协同受力（图3-14e）。

3.4.3　阳台栏杆

1）阳台栏杆高度

阳台栏杆高度因建筑使用对象不同而有所区别，根据《民用建筑设计通则》

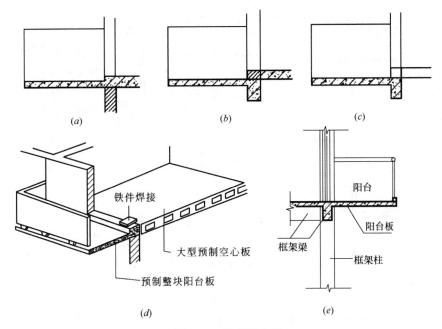

图 3-14 悬挑阳台板

(a) 楼板悬挑阳台板；(b) 墙梁悬挑阳台板（墙不承重）；(c) 墙梁悬挑阳台板（墙承重）；

(d) 预制整块阳台板；(e) 框架梁悬挑阳台板

GB 50352—2005 和《住宅设计规范》GB 50096—1999（2003 版）中规定：临空高度在 24m 以下时，阳台、外廊栏杆高度不应低于 1.05m，临空高度在 24m 及以上时，栏杆不应低于 1.1m，栏杆离阳台地面 0.1m 范围内不宜留空。有儿童活动的场所，栏杆应采用不易攀登的构造，当采用垂直杆件作栏杆时，其杆件净距不应大于 0.11m。

在《住宅设计规范》GB 50096—2011 中规定，住宅阳台栏板或栏杆净高，六层及六层以下的不应低于 1.05m，七层及七层以上的不应低于 1.1m。封闭阳台栏板或栏杆净高也应满足阳台栏板或栏杆净高要求。七层及七层以上住宅和寒冷、严寒地区住宅宜采用实体栏板。

2）类型

根据阳台栏杆使用材料的不同，分为金属栏杆、钢筋混凝土栏杆、玻璃栏杆（图 3-15），还有不同材料组成的混合栏杆。金属栏杆，如采用钢栏杆易锈蚀，如为其他合金，则造价较高；砖栏杆自重大，抗震性能差，且立面显得厚重；钢筋混凝土栏杆造型丰富，可虚可实，耐久、整体性好，自重较砖栏杆轻，常做成钢筋混凝土栏板，拼装方便。

按阳台栏杆空透的情况不同，有实心栏板、空花栏杆和部分空透的组合式栏杆。选择栏杆的类型应结合立面造型的需要、使用的要求、地区气候特点、人的心理要求、材料的供应情况等多种因素决定。

3）钢筋混凝土栏杆构造

（1）栏杆压顶

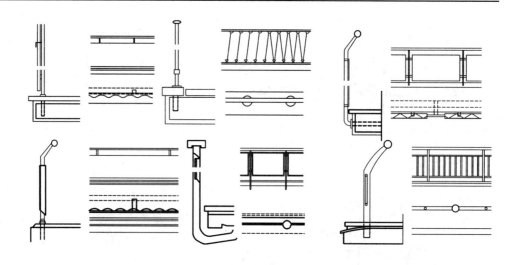

图 3-15　栏杆形式

　　钢筋混凝土栏杆通常设置钢筋混凝土压顶，并根据立面装修的要求进行饰面处理。预制钢筋混凝土压顶与下部的连接可采用预埋铁件焊接（图 3-16a），也可采用榫接坐浆的方式，即在压顶底面留槽，将栏杆插入槽内，并用 M10 水泥砂浆坐浆填实，以保证连接的牢固性（图 3-16b）。还可以在栏杆上留出钢筋，现浇压顶（图 3-16c），这种方式整体性好、坚固，但现场施工较麻烦。另外，也可采用钢筋混凝土栏板顶部加宽的处理方式（图3-16d），其上可放置花盆，当采用这种方式时，宜在压顶外侧采取防护措施，以防花盆坠落。

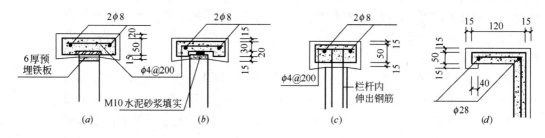

图 3-16　栏杆压顶的做法（单位：mm）

　　（2）栏杆与阳台板的连接

　　为了阳台排水的需要和防止物品由阳台板边坠落，栏杆与阳台板的连接处需采用 C20 混凝土沿阳台板边现浇挡水带。栏杆与挡水带采用预埋铁件焊接，或榫接坐浆，或插筋连接（图 3-17）。如采用钢筋混凝土栏板，可设置预埋件直接与阳台板预埋件焊接。

　　（3）栏板的拼接

　　钢筋混凝土栏板的拼接有以下几种方式：一是直接拼接法，即在栏板和阳台板预埋铁件焊接（图 3-18），构造简单，施工方便；二是立柱拼接法（图 3-19），由于立柱为现浇钢筋混凝土，柱内设有立筋并与阳台预埋件焊接，所以整体刚度好，但施工较麻烦，这种方式在长外廊中采用得较多。

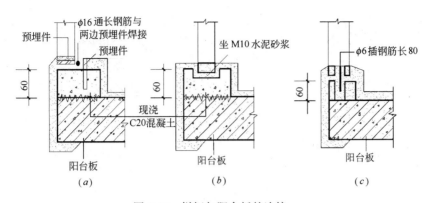

图 3-17　栏杆与阳台板的连接

（a）预埋件焊接；（b）榫接坐浆；（c）插筋连接

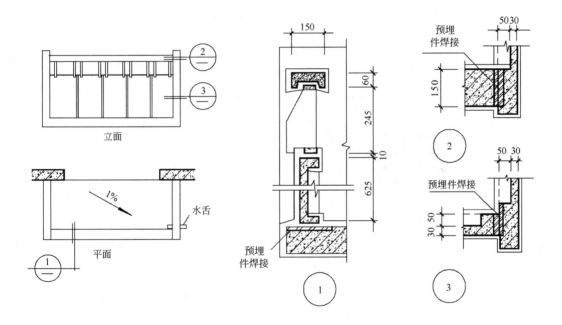

图 3-18　栏板拼接构造之一

（4）栏杆与墙的连接

栏杆与墙的连接的一般做法是在砌墙时预留 240mm（宽）×180mm（深）×120mm（高）的洞，将压顶伸入锚固。采用栏板时，将栏板的上下肋伸入洞内，或在栏杆上预留钢筋伸入洞内，用 C20 细石混凝土填实。

4）金属及玻璃栏杆构造

金属栏杆常采用铝合金、不锈钢或铁花。玻璃常用厚度较大、不易碎裂或碎裂后不会脱落的玻璃，如各种有机玻璃、钢化夹胶玻璃等。金属栏杆和玻璃栏杆有多种结合造型的组合方式，如图 3-20、图 3-21 所示。

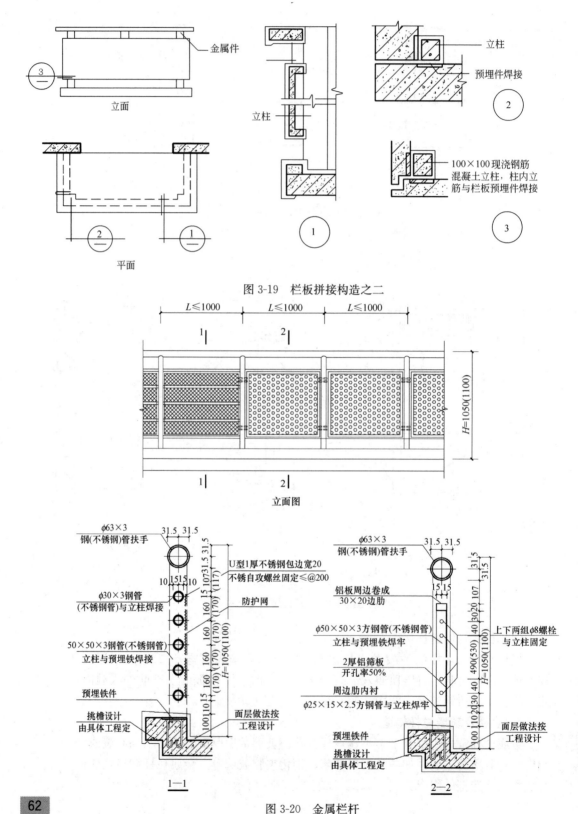

图 3-19　栏板拼接构造之二

图 3-20　金属栏杆

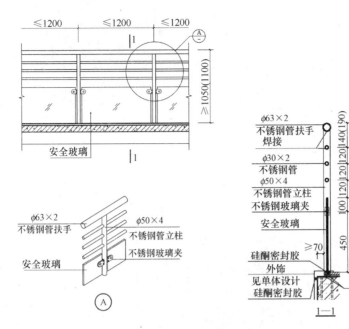

图 3-21 玻璃栏杆

3.4.4 雨篷

雨篷通常设在房屋出入口的上方,为了雨天人们在出入口处作短暂停留时不被雨淋,并起到保护门和丰富建筑立面造型的作用。

由于房屋的性质、出入口的大小和位置、地区气候特点以及立面造型的要求等因素的影响,雨篷的形式多种多样。根据雨篷板的支承不同,有采用门洞过梁悬挑板的方式,也有采用墙或柱支承(图 3-22)的方式。其中最简单的是过梁悬挑板式,即悬挑雨篷(图 3-23)。悬挑板板面与过梁顶面可不在同一标高上,梁面较板面标高高,对于防止雨水浸入墙体有利。由于雨篷上荷载不大,悬挑板的厚度较薄,为了板面排水的组织和立面造型的需要,板外檐常做加高处理,采用混凝土现浇或砖砌成,板面需加高做泛水处理,并在靠墙处做泛水。

图 3-22 雨篷形式举例

近年来,采用悬挂式雨篷和点支玻璃雨篷轻巧美观,通常用金属和玻璃材料,对建筑入口的烘托和建筑立面的美化有很好的作用(图 3-24)。

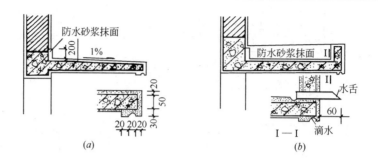

图 3-23　悬挑雨篷构造
（a）悬挑板式；（b）外檐加高

图 3-24　点支钢化玻璃雨篷

复 习 思 考 题

1. 楼盖层与地坪层有什么相同和不同之处？

2. 楼盖层的基本组成及设计要求有哪些？

3. 楼板隔绝固体声的方法有哪几种？绘图说明。

4. 常用的装配式钢筋混凝土楼板的类型及其特点和适用范围。

5. 现浇肋梁楼板的布置原则。

6. 井式楼板和无梁楼板的特点及适应范围。

7. 地坪层的组成及各层的作用。

8. 简述挑阳台的结构布置。

9. 阳台栏杆的高度应如何考虑？

10. 简述雨篷的作用和形式。

第 4 章
饰面装修

Chapter 4
Finishing

4.1 概述

一栋建筑在结构主体完成之后，为了满足人们的使用要求，还需要对结构表面内、外墙面，楼、地面，顶棚等有关部位进行一系列的加工处理，即进行装修。可以说，结构主体完成之后的工作都是装修工程涉及的范围，其规模虽不及主体工程宏大，但它关系到工程质量标准和人们的生产、生活和工作环境的优劣，是建筑物不可缺少的有机组成部分。

4.1.1 饰面装修的作用

1) 保护作用

建筑结构构件暴露在环境中，在风、霜、雨、雪和太阳辐射等的作用下，构件会受到侵蚀，影响性能与结构与安全。此外，通过抹灰、涂料、面砖等饰面装修进行处理，形成一层保护层，不仅可以提高建筑基层对外界影响也对建筑表面造成侵蚀的抵抗能力，还可以保护建筑构件不直接受到外力的磨损、碰撞和破坏，从而提高结构构件的耐久性，延长其使用年限。

2) 改善环境条件，满足房屋的使用功能要求

为了创造良好的生产、生活和工作环境，无论何种建筑物，一般都需进行装修，通过对建筑物表面的装修，不仅可以改善室内外清洁、卫生条件，且能增强建筑物的采光、保温、隔热、隔声性能。如砖砌体抹灰后不但能提高建筑物室内及环境照度，而且能防止冬天砖缝可能引起的空气渗透。

3) 美观作用

装修不仅具有功能和保护作用，还有美化和装饰作用。建筑师根据室内外环境的特点，正确、合理运用建筑线形以及不同饰面材料的质地和色彩给人以不同的感受。同时，通过巧妙组合，还可以创造出优美、和谐、统一而又丰富的空间环境，以满足人们对审美的要求。

4.1.2 饰面装修的设计要求

1) 根据使用功能，确定装修的质量标准

不同等级和功能的建筑，除在平面空间组合中满足其要求外，还应采用不同的装修质量标准，如高级公寓与普通住宅就应选择与之相应的装修材料、构造方案和施工措施。就是同类建筑，由于所处位置不同，如面临城市主要干道与在街坊内部的也不一样。并且同一栋建筑的不同部位，如正、背立面，重要房间与次要房间等，均可按不同标准进行处理。另外，有特殊要求的，如声学要求较高的录音室、广播室，除选择声学性能良好的饰面材料外，还应采用相应的构造措施和施工方案。

2) 正确合理地选用材料

建筑装修材料是装饰工程的重要物质基础，在装修费用中所占比重较大。装修工程所用材料，量大面广，品种繁多，从黏土砖到大理石、花岗石，从普通砂、石到黄金、锦缎，价格相差很大。如何选择和合理地利用材料，直接关系到工程质量、效果、造价、做法。而装饰材料的材料特性、外观效果是装修材料选择的主要依据。其次，材料的经济性也是影响装饰材料选择的重要因素。需要根据装修部位的标准和要求进行综合考虑，合理选择经济、实用的材料，优先选择健康环保材料，尽力做到在预算范围内取得最佳的使用和装饰效果。

3）充分考虑施工技术条件

装修工程设计之后是通过施工工艺来实现的。如果仅有良好的设计、材料，没有好的施工技术条件，理想的效果也难以实现。因此，在设计阶段就要充分考虑影响装修做法的各种因素：工期长短、施工季节、具体施工队伍的工具设备、工人技术水平以及施工组织和施工方法等。

4.1.3　饰面装修的基层

饰面装修是在结构主体完成之后进行的。凡附着或支托饰面层的结构构件或骨架，均视为饰面装修的基层，如内外墙体、楼地板、吊顶龙骨等。

1）基层处理原则

（1）基层应有足够的强度和刚度

饰面层附着于基层。为了保证饰面不至于开裂、起壳、脱落，要求基层具有足够承载力。饰面变形不仅影响美观而且影响使用。如果墙体或顶棚饰面开裂、脱落，还可能砸伤行人，酿成事故。可见，具有足够承载力和刚度的基层，是保证饰面层附着牢固的重要因素。

（2）基层表面必须平整

饰面层平整均匀是达到美观的必要条件，而基层表面的平整均匀又是使饰面层达到平整均匀的重要前提。为此，对饰面主要部位的基层，如内外墙体、楼地板、吊顶骨架等，在砌筑、安装时必须平整。基层表面凹凸过大，必然使找平层厚度增加，且不易找平。厚度不一不仅浪费材料，还可能因材料的胀缩不一而引起饰面层开裂、起壳，甚至脱落，同时影响美观、使用，乃至危及安全。

（3）确保饰面层附着牢固

饰面层附着于基层表面应牢固可靠。但实际工程中，不论地面、墙面还是顶棚，到处可见饰面层出现开裂、起壳、脱落现象，常常是由于构造方法不妥和面层与基层材料性能差异过大或粘结材料选择不当等因素所致，所以应根据不同部位和不同性质的饰面材料采用不同材料的基层和相应的构造连接措施，如粘、钉、抹、涂、贴、挂等使其饰面层附着牢固。

2）基层类型

（1）实体基层

实体基层是指用砖、石等材料组砌或用混凝土现浇或预制的墙体以及预制或现浇的各种钢筋混凝土楼板等。这种基层强度高、刚度好，其表面可以做任何一种饰面，如罩刷各种涂料、抹涂各种抹灰、铺贴各类面砖、粘贴各种卷材等（表4-1）。为保证实体基层的饰面层平整均匀，附着牢固，施工时还应对各种材料的基层作处理，见表4-1。

实体基层的部位及饰面 表4-1

	涂 料	抹 灰	贴 面	裱 糊
墙面	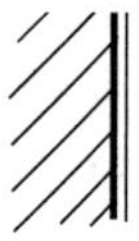	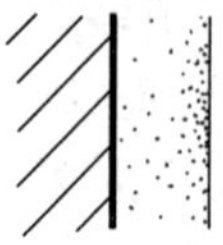	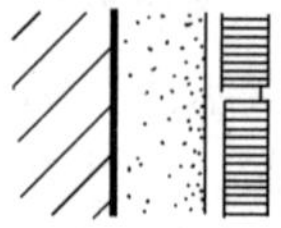	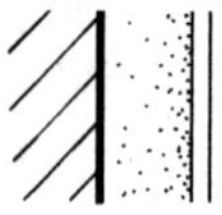
楼地面	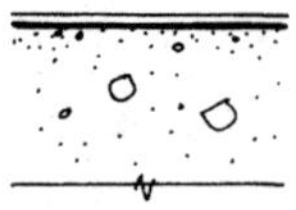	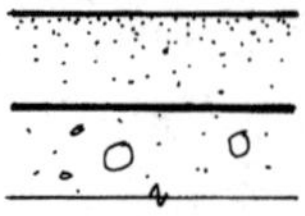	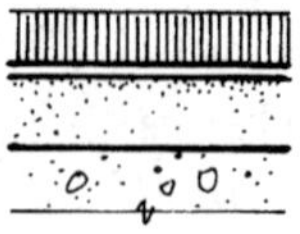	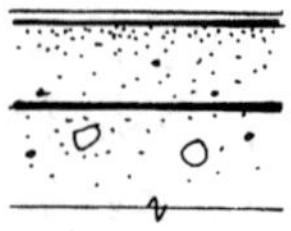
顶棚		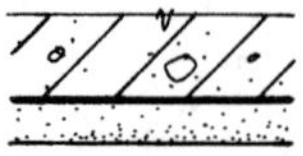		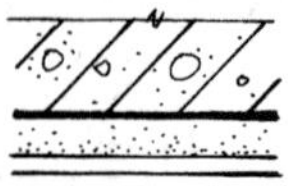

砖、石基层：因砖、石表面粗糙，加之凹进墙面的缝隙较多，故粘结力强。做饰面前必须清理基层，除去浮灰，必要时用水冲净。如能在墙体砌筑时做到表面平整，就为饰面层的牢固粘结及厚度均匀创造了条件。

混凝土及钢筋混凝土基层：由于是由混凝土浇筑成型，为脱模方便，其表面均涂有脱模剂，加上钢模板的广泛采用，构件表面较为光滑平整。为使饰面层附着牢固，施工时必须除掉隔离剂，还须将表面打毛，用水冲去浮尘。

轻质填充墙基层：由于各类轻质填充墙基层与钢筋混凝土基层的热膨胀系数不同，在做抹灰面层时容易造成面层开裂、脱落，影响美观和使用，因此在基层处理时，不同基体材料相接处应铺钉金属网，金属网与各基体搭接宽度不应小于100mm。如轻质填充墙在外墙面抹灰饰面时，基层处理应满挂钢丝网。

（2）骨架基层

骨架隔墙、架空木地板、各种形式的吊顶的基层都属于这一类型。

骨架基层由于材料不同，有木骨架基层和金属骨架基层之分。构成骨架基层的骨架通常称为龙骨。木龙骨多为方木，金属龙骨多为型钢或薄壁型钢、铝合金型材等。龙骨中距视表面材料而定，一般不大于600mm。骨架表面，通常不做大理石等较重材料的饰面层（表4-2）。

骨架基层类型及部位 表4-2

	墙 面	地 面	顶 棚
木骨架	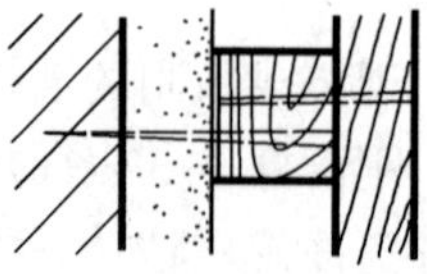		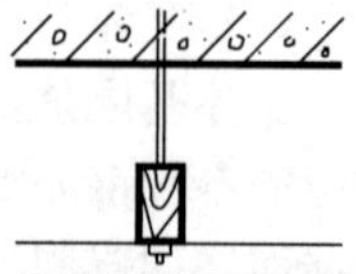

续表

墙 面	地 面	顶 棚
金属骨架 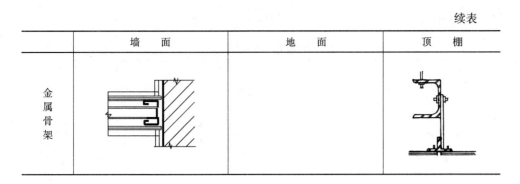		

4.2 墙面装修

墙面装修是建筑装修中的重要内容，它对提高建筑的艺术效果、美化环境起着很重要的作用，还具有保护墙体功能和改善墙体热工性能的作用。墙体表面的饰面装修因其位置不同分外墙面装修和内墙面装修两大类型。又因其饰面材料和做法不同，外墙面装修可分为抹灰类、贴面类和涂料类；内墙面装修则可分为抹灰类、贴面类、涂料类和裱糊类。

在这里主要介绍常用的大量性民用建筑的墙体饰面装修做法。

4.2.1 抹灰类墙面装修

抹灰是我国传统的饰面做法，它是将砂浆涂抹在房屋构配件表面上的一种装修工程，其材料来源广泛、施工简便、造价低，通过工艺的改变可以获得多种装饰效果，因此在建筑墙体装饰中应用广泛。

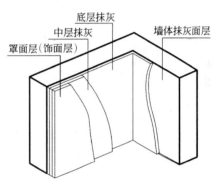

图 4-1 墙体抹灰饰面构造层次

1）抹灰的组成

为保证抹灰质量，做到表面平整、粘结牢固、色彩均匀、不开裂，在抹灰前应将基层表面的灰尘污渍等清除干净，并洒水湿润。抹灰层不能太厚，施工时须分层操作。抹灰一般分三个施工工序层次，即底灰（层）、中灰（层）、面灰（层）（图 4-1）。

底灰又叫刮糙，主要起与基层粘结和初步找平的作用。该层的材料与施工操作对整个抹灰质量有较大影响，其用料视基层情况而定，其厚度一般为5～7mm。当墙体基层为砖、石时，可采用水泥砂浆或混合砂浆打底；当基层为骨架板条基层时，应采用石灰砂浆作底灰，并在砂浆中掺入适量麻刀（纸筋）或其他纤维，施工时将底灰挤入板条缝隙，以加强拉结，避免开裂、脱落。

中灰主要起进一步找平作用，材料基本与底层相同。根据施工质量要求，可以一次抹成，亦可分层操作，所用的材料与底层材料相同，中灰厚度为5～9mm。

面灰主要起装饰美观作用，要求平整、均匀、无裂痕。厚度一般为 2～8mm。面层不包括在面层上的刷浆、喷浆或涂料。

抹灰按质量要求和主要工序划分为两种标准，普通抹灰一般由底层和面层组成，当采用高级抹灰时，还要在面层与底层之间加多层中间层，见表 4-3。

抹 灰 的 两 种 标 准　　　　　表 4-3

标准 \ 层次	底灰	中灰	面灰	总厚度
普通抹灰	1 层	无	1 层	≤20mm
高级抹灰	1 层	数层	1 层	≤25mm

高级抹灰适用于大型公共建筑物、纪念性建筑物、高级住宅、宾馆以及特殊要求的建筑物。普通抹灰一般用于普通住宅、办公楼、学校等。

2）常用抹灰种类、做法和应用

根据基层材料的特性和工程部位不同，对砂浆技术性能要求不同，这也是选择砂浆种类的主要依据。一般抹灰常用的有石灰砂浆抹灰、水泥砂浆抹灰、混合砂浆抹灰、纸筋石灰浆抹灰、麻刀石灰浆抹灰。水泥砂浆宜用于潮湿或强度要求较高的部位；混合砂浆多用于室内底层或中层或面层抹灰；石灰砂浆、麻刀灰、纸筋灰多用于室内中层或面层抹灰，对混凝土基面多用水泥石灰混合砂浆。对于木板条基底及面层，多用纤维材料增加其抗拉强度，以防止开裂。常用墙面抹灰构造做法见表 4-4。

常用墙面抹灰构造做法表　　　　　表 4-4

类别	基层类型	厚度	构造做法
一般抹灰内墙面	各类砖墙	15	面浆（或涂料）饰面 15 厚 1∶2.5 石灰膏砂浆打底分层抹平
	混凝土墙 混凝土空心砌块墙	15	面浆（或涂料）饰面 15 厚 1∶2.5 石灰膏砂浆打底分层抹平 素水泥浆一道甩毛（内掺建筑胶）
	蒸压加气混凝土砌块墙	18	面浆（或涂料）饰面 15 厚 1∶2.5 石灰膏砂浆打底分层抹平 3 厚外加剂专用砂浆打底刮糙或专用界面剂一道甩毛（甩前喷湿墙面）
一般抹灰外墙面	砖墙	18	6 厚 1∶2.5 水泥砂浆面层 12 厚 1∶3 水泥砂浆打底扫毛或划出纹道
	混凝土墙、混凝土空心砌块墙 轻骨料混凝土空心砌块墙	18	6 厚 1∶2.5 水泥砂浆面层 12 厚 1∶3 水泥砂浆打底扫毛或划出纹道 刷聚合物水泥砂浆一道
	蒸压加气混凝土砌块墙 轻骨料混凝土空心砌块墙	22	10 厚 1∶2.5（或 1∶3）水泥砂浆面层 9 厚 1∶3 专用水泥砂浆打底扫毛或划出纹道 3 厚专用聚合物砂浆底面刮糙；或专用界面处理剂甩毛喷湿墙面

装饰抹灰按面层材料的不同可分为石碴类（水刷石、水磨石、干粘石、斩假

石），水泥、石灰类（拉条灰、拉毛灰、洒毛灰、假面砖、仿石）和聚合物水泥砂浆类（喷涂、滚涂、弹涂）等。常见装饰抹灰饰面做法如图 4-2 所示。石碴类饰面材料是装饰抹灰中使用较多的一类，以水泥为胶结材料，以石碴为骨料做成水泥石碴浆作为抹灰面层，然后用水洗、斧剁、水磨等方法除去表面水泥浆皮，或者在水泥砂浆面上甩粘小粒径石碴，使饰面显露出石碴的颜色、质感，具有丰富的装饰效果，常用石碴类装饰抹灰构造层次见表 4-5。

(a)　　　　　　　(b)　　　　　　　(c)　　　　　　　(d)

图 4-2　常见装饰抹灰饰面做法

(a) 水刷石饰面；(b) 剁斧石饰面；(c) 干粘石饰面；(d) 弹涂饰面

常用石碴类装饰抹灰构造做法表　　　　　　表 4-5

类别	名称	厚度	构造做法
装饰抹灰外墙面	水刷石墙面（砖石基层）	21	8 厚 1∶1.5 水泥石子（小八厘）；或 8 厚 1∶2.5 水泥石子（中八厘）面层 刷素水泥浆一道（内掺水重 5% 的建筑胶） 12 厚 1∶3 水泥砂浆打底扫毛或划出道纹
	剁斧石墙面（砖石基层）	23	斧剁斩毛两遍成活 10 厚 1∶2 水泥石子（米粒石内掺 30% 石屑）面层赶平压实 刷素水泥浆一道（内掺水重 5% 的建筑胶） 12 厚 1∶3 水泥砂浆打底扫毛或划出纹道
	干粘石墙面（砖石基层）	20	刮 1 厚建筑胶素水泥浆粘结层（重量比＝水泥∶建筑胶＝1∶0.3），干粘石面层拍平压实（粒径以小八厘略掺石屑为宜，与 6 厚水泥砂浆层连续操作） 6 厚 1∶3 水泥砂浆 12 厚 1∶3 水泥砂浆打底扫毛或划出纹道

4.2.2　涂料类墙面装修

涂料饰面是在木基层表面或建筑构配件的抹灰面层上喷、刷涂料涂层的饰面装修。涂料饰面可以在物体表面形成一层完整而坚韧的保护涂膜，具有保护、装饰功能并且能改善建筑构配件的使用功能。涂料饰面具有质轻、色彩丰富、施工简便、省工省料、工期短、效率高、自重轻、维修方便等特点，因此在饰面装修工程中得到了广泛应用。建筑涂料的种类很多，按成膜物质可分为有机涂料、无机涂料、有机无机复合涂料。按涂料所用稀释剂分类可分为溶剂型涂料和水溶性涂料。按涂料的功能分类，可分为防火涂料、防水涂料、保温涂料、防腐涂料、防静电涂料等。按建筑物的使用部位，可将涂料分为外墙涂料、内墙涂料、地面涂料、顶棚涂料和屋面防水涂料等。

1）有机涂料

（1）水溶性涂料

以水溶性合成树脂为主要成膜物质，水为稀释剂，加入适量的颜料、填料及辅助材料等，经研磨而成的一种涂料。水溶性涂料可以直接溶于水中，且有一定的装饰性和保护性，一般用于室内。它的原材料资源丰富，价格较为低廉，施工方便，但耐水耐气候性较差，易起皮、开裂、脱落。常用的有聚乙烯醇类建筑涂料、耐擦洗仿瓷涂料等。

（2）乳液型涂料（乳胶漆）

它是一种以合成树脂乳液为主要成膜物质，加入适量颜料、填料和辅助材料研磨而成的涂料。乳胶漆涂膜有较好的耐水性和耐候性，并有亚光、高光等不同光泽度类型；通过添加不同性能的助剂，乳胶漆可具有抗菌、防裂、耐污等多种性能。乳胶漆大量应用在室内、室外墙面装修工程中，近年来随着人们对健康环保生活的追求，内墙乳胶漆还发展出具有防霉杀菌、净化空气功能的纳米乳胶漆等新产品。乳胶漆的种类很多，通常以合成树脂乳液来命名，如：丙烯酸酯乳胶涂料、聚醋酸乙烯乳胶涂料、环氧树脂乳胶涂料等。

（3）溶剂型涂料

以高分子合成树脂为主要成膜物质，有机溶剂为稀释剂，加入适量颜料、填料及辅料研磨而成的一种挥发性涂料。这类涂料具有较好的硬度、光泽和耐水、耐候性；但施工时有机溶剂易挥发，产生气味，污染环境，而且涂膜透气性差，价格也较高，主要应用于外墙饰面，也可用于室内走道、门厅。

2）水溶性无机涂料

以无机材料为主要成膜物质的涂料。其主要原材料都可以直接取自自然界，资源丰富，因类涂料。例如用碳酸钙、生石灰、滑石粉等矿物质加适量胶就可制成粉刷石灰浆抹面材料。常用的水溶性无机涂料有无机硅酸盐水玻璃类涂料，硅溶胶类建此价格比较经济，是最早应用的一筑涂料，聚合物水泥类涂料等。水溶性无机涂料通常具有保色性好，耐火、耐碱、耐老化等性能。但耐水性差，涂膜质地松弛，易起粉。

3）复合涂料

由无机—有机涂料结合而成，使两种涂料相互取长补短，以获得更好的性能或装饰效果。常用的有丙烯酸酯乳液＋硅溶胶复合涂料、苯丙乳液＋硅溶胶复合涂料、丙烯酸酯乳液＋环氧树脂乳液＋硅溶胶复合涂料等。复合涂料复合涂料主要有两种复合方式，一种是两类涂料进行混合配制，这样形成的复合涂料中的有机物或树脂可以改善无机材料成膜后容易变脆脱落的弊端，同时也减轻了有机材料易老化、耐热性差等问题。另一种是两类涂料涂层的复合装饰，例如在墙面上先涂覆一层有机涂料，然后再涂覆一层无机涂料，利用两层涂膜的收缩不同，以得到冰裂花纹状涂膜的装饰效果。

4）硅藻泥内墙涂料

硅藻泥涂料是以硅藻土为主要原材料，添加多种助剂的粉末装饰涂料。硅藻泥涂料色彩柔和，同时具有净化空气、调节湿度、防火阻燃、吸音降噪、保温隔热等优点，是一种可以替代乳胶漆和墙纸的新型环保涂料。但由于天然硅藻土的材质特点，硅藻泥涂料也有色彩单一、质感较硬、防水性差的缺点。此外，硅藻泥涂料价格较贵，对施工工艺也有较高要求。

5）氟树脂外墙涂料

是指以氟树脂为主要成膜物质的涂料，又称氟碳漆。但因外墙氟碳漆具有超常的耐候性，耐久寿命可达 20 年以上，且漆膜能够保持原有光泽和色彩，不粉化，不脱落。外墙氟碳漆涂膜硬度高，表面摩擦系数小，因此灰尘、污物很难在涂膜上附着，具有优异的抗沾污性耐洗刷性。除此之外，外墙氟碳漆还具有优异的耐腐蚀性和耐化学侵蚀性，对温度变化适应性强，施工方便。外墙氟碳漆特别适用于有高耐候性、高耐沾污性要求和有防腐要求的建筑物，它和混凝土、水泥纤维板、金属板等各类基层均能很好结合，是目前为止综合性能最为优越的建筑涂料，不足之处是价格相对偏高。

4.2.3　陶瓷贴面类墙面装修

1）面砖饰面

在墙面铺贴面砖是保护和美化墙面的有效方式。面砖多数以陶土或瓷土为原料，压制成型后经焙烧而成，由于面砖不仅可以用于墙面装饰也可用于地面，所以常被人们称之为墙地砖。按照表面处理方式，面砖可分为釉面砖和无釉面砖。釉面砖表面光滑，色彩丰富，图案多样，此外，釉面砖还具有防水、耐火、耐腐蚀、易滑洗等优点，但耐磨和防滑性能较差。无釉面砖因为表面不施釉，其花色比不上釉面砖，但有更好的耐磨性和防滑性。

面砖安装前先将表面清洗干净，然后将面砖放入水中浸泡，贴前取出晾干或擦干。面砖安装时用 1：3 水泥砂浆打底并划毛，后用 1：0.3：3 水泥石灰砂浆或用掺有 108 胶（水泥用量 5%～10%）的 1：2.5 水泥砂浆满刮于面砖背面，其厚度不小于 10mm，然后将面砖贴于墙上，轻轻敲实，使其与底灰粘牢。一般面砖背面有凹凸纹路，更有利于面砖粘贴牢固。对贴于外墙的面砖，常在面砖之间留出一定缝隙，以利湿气排除（图 4-3）。内墙面为便于擦洗和防水，则要求安装紧密，不留缝隙。面砖

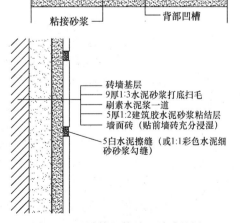

图 4-3　面砖饰面构造（砖墙基层）示意图

如被污染，可用浓度为 10％的盐酸洗刷，并用清水洗净。

2）陶瓷马赛克饰面

陶瓷锦砖也称陶瓷马赛克，是由若干小型瓷片镶拼而成的陶瓷制品。陶瓷锦砖经高温烧结而成，表面致密光滑、坚硬耐磨、耐酸耐碱、防火防水，不易变色。它的瓷片小块尺寸较小（每片边长不大于 50mm），可以有多种色彩和不同形状，因此可以拼成各种花色图案。陶瓷锦砖产品出厂时，已经将带有花色图案的小块根据设计要求反贴在牛皮纸上，每联约 305mm 见方。铺贴时牛皮纸面向外将马赛克贴于饰面基层，待半凝后将纸洗去，同时修整饰面。陶瓷锦砖常用于厨房、餐厅、卫生间、化验室、游泳池等的墙面和地面装修。

4.2.4 石材贴面类墙面装修

装饰用的石材有天然石材和人造石材之分，天然石材采用天然岩石加工而成，而人造石材是用天然石材碎料或粉料作为精、细基料，加入无机或有机胶凝材料作为粘结剂。经加工而成的装饰石材。按其厚度有厚型和薄型两种，通常厚度在 40mm 以下的称板材，40mm 以上的称为块材。

1）石材的类型

（1）天然石材：天然石材饰面板不仅具有各种颜色、花纹、斑点等天然材料的自然美感，而且质地密实坚硬，故耐久性、耐磨性等均比较好，在装饰工程中的适用范围广泛。天然石材用于室内外环境中的墙面、地面、楼梯踏步、各种石材线角、罗马柱、茶几、石质栏杆、电梯门贴脸等。但其缺点是自重较大，会增加建筑荷载。由于材料的品种、来源的局限性，造价比较高，天然石材属于高级饰面材料。

常用的天然石材有大理石、花岗岩和砂岩。大理石属于中硬石材，质地细密，吸水率小，抗压性强，花纹多样，色泽丰富。但大理石的抗风化能力较差，不耐酸，空气和雨水中所含的酸性物质对大理石有腐蚀作用，故大理石不宜用于建筑外墙和其他露天部位的装饰。

花岗岩属于硬石材，质地坚硬密实，耐摩擦，耐酸碱，耐高温耐腐蚀，多用于室外墙面和地面的装修；硬度大，加工困难；并且质脆，耐火性差，在火灾时容易发生爆裂。天然花岗岩板材表面经过不同的加工可以形成多种不同的装饰效果，主要品种有斧剁板材、粗磨板材、抛光板材和火烧板等。

砂岩因其内部孔隙多，吸水率较高，具有防声、防火、防潮的特性，从装饰效果来看，砂岩朴实大方，粗犷自然，石材花纹变化奇特，加之具有良好的抗压、耐磨防滑性，已被广泛应用在墙面、地面、异形线脚、景观雕塑等方面。

（2）人造石材：人造石材是采用无机、有机胶凝材料作为胶粘剂，以天然砂、碎石、石粉或工业渣等为粗、细填充料，经成型、固化、表面处理而成的一种人造材料。它具有重量轻、强度高、耐腐蚀，加工方便等优点。人造石材包括水磨石、人造大理石、人造花岗石、微晶石等。人造石材的色泽和纹理不及天然石材自然柔和，但其花纹和色彩可以根据生产需要人为地控制，可选择范围广，且造价通常要低于天然石材墙面。常见墙面装修做法见图 4-4。

图 4-4　常见墙面装修做法

（a）清水砖墙；（b）外墙面砖饰面；（c）天然石材外墙；（d）陶瓷马赛克墙面；（e）人造石材外墙

2）石材饰面的安装

石材在安装前必须根据设计要求核对石材品种、规格、颜色，进行统一编号，天然石材需预先加工安装孔，较厚的板材应在其背面凿两条 2～3mm 深的砂浆槽。板材的阳角交接处应做好 45°的倒角处理。最后根据石材的种类及厚度，选择适宜的安装连接方式。常用的连接方式为在墙柱表面拴挂钢筋网，将板材用铜丝绑扎，拴结在钢筋网上，并在板材与墙体的夹缝内灌以水泥砂浆进行加固，称之为拴挂法（图 4-5）。对于较厚的石材板，还可用连接件挂接法，板材通过连接件锚固在墙体上。另外在高度不大于 3m 的墙面上安装石材可以采用粘贴法，使用聚酯砂浆或环氧树脂胶将石材粘贴在墙面上。粘贴法适用于薄型石材，尤其方便各种石材饰线、饰条的安装。粘结板材固定的方式连接。

4.2.5　清水砖墙饰面装修

清水砖墙是砌筑后不抹灰、不贴面，以表现砌体本身质感的墙体。清水砖墙要求砖块尺寸规整，砌砖平整，灰浆饱满，砖缝规范美观。用砖砌筑清水砖墙在我国已有悠久的历史，很多传统建筑都不做抹灰饰面，直接呈现清水砖墙朴素雅致的外观效果。

为防止灰缝不饱满而可能引起的空气渗透和雨水渗入，须对砖缝进行勾缝处理。一般用 1∶1 水泥砂浆勾缝。也可在砌墙时用砌筑砂浆勾缝，称为原浆勾缝。勾缝形式有平缝、平凹缝、斜缝、弧形缝等（图 4-6）。

清水砖墙的色彩主要是砖体材料本色，目前常用的有红砖和青砖两种。由于清水砖墙砖缝多，其面积约占墙面 1/6，改变勾缝砂浆的颜色能有效地影响整个墙面色调的明暗度，如用白水泥勾白缝或水泥掺颜料勾成深色或其他颜色的缝。由于砖缝颜色突出，整个墙面质感效果也有一些变化。

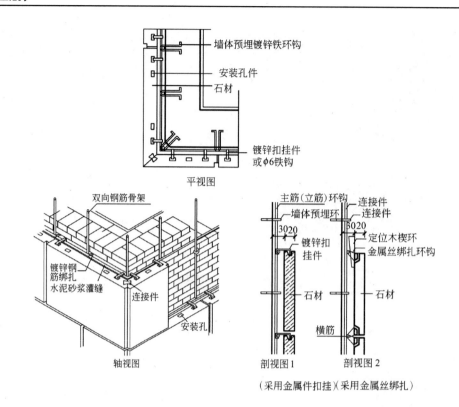

图 4-5　石材拴挂法（单位：mm）

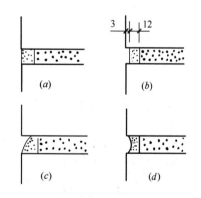

图 4-6　清水砖墙的勾
缝形式（单位：mm）
（a）平缝；（b）平凹缝；
（c）斜缝；（d）弧形缝

要取得清水砖墙质感的变化，还可在砖墙组砌上下功夫，如采用多顺一丁砌法以强调横线条；在结构受力允许条件下，改平砌为斗砌、立砌以改变砖的尺度感；或采用将个别砖成点成条地凸出墙面几厘米的拔砌方式，形成不同的质感和线型。以上做法要求大面积墙面平整规矩，并严格砌筑质量，虽多费些工，但能求得一定装饰效果。

4.2.6　特殊部位的墙面装修

在内墙抹灰中，对于易受到碰撞的部位，如门厅、走道的墙面和有防潮、防水要求如厨房、浴厕的墙面，为保护墙身，做护墙墙裙（图 4-7）；对内墙阳角，门洞转角等处则做成护角（图 4-8）。墙裙和护角高度为2m 左右。根据要求，护角也可用其他材料如木材制作。

在内墙面和楼地面交接处，为了地面与墙面的结合部美观、保护墙身以及防止擦洗地面时弄脏墙面，做成踢脚线，其材料可与楼地面相同。常见做法有三种，即与墙面粉刷相平、凸出、凹进（图 4-9），踢脚线高 120～150mm。为了增加室内美观，在内墙面和顶棚交接处，可做成各种装饰线（图 4-10）。

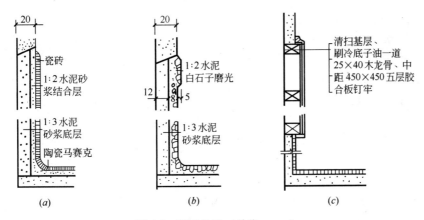

图 4-7　墙裙构造（单位：mm）

(a) 瓷砖墙裙；(b) 磨石墙裙；(c) 木墙裙

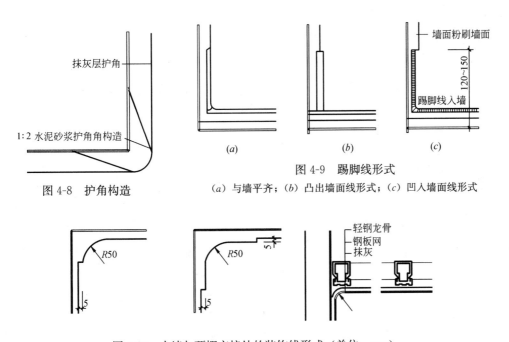

图 4-8　护角构造

图 4-9　踢脚线形式

(a) 与墙平齐；(b) 凸出墙面线形式；(c) 凹入墙面线形式

图 4-10　内墙与顶棚交接处的装饰线形式（单位：mm）

4.3　楼 地 面 装 修

楼地面主要是指楼盖层和地坪层的面层。一般包括面层和面层下面的找平层和结合层。楼地面的名称是以面层的材料和做法来命名的，如面层为水磨石，则该地面称为水磨石地面，面层为木材，则称为木地面。

地面按其材料和做法可分为四大类型，即整体地面、块料地面、塑料地面和木地面。

4.3.1 整体地面

整体地面是一种传统做法的地面，应用较为广泛。主要包括水泥砂浆地面、水泥石屑地面，水磨石地面等现浇地面，其基层和垫层的做法相同，仅面层所用材料和施工方法有所区别。

1）水泥砂浆地面

水泥砂浆地面，即在混凝土垫层或结构层上抹水泥砂浆的一种传统整体地面。一般有单层和双层两种做法。单层做法只抹一层 20～25mm 厚 1：2.5 水泥砂浆；双层做法是增加一层 10～20mm 厚 1：3 水泥砂浆找平层，表面只抹 5～10mm 厚 1：2 水泥砂浆。双层做法虽增加了工序，但不易开裂。

水泥砂浆地面属于低档次地面装修，通常用作对地面要求不高的房间或需要进行二次装饰的商品房的地面。水泥砂浆地面构造简单、造价又低。但水泥地面不耐磨，表面易起灰，不易清洁。

2）水泥石屑地面

水泥石屑地面是面层以石屑替代砂的一种地面，根据石屑种类的不同又分为豆石地面或瓜米石地面。这种地面相对于水泥砂浆地面来说，表面光洁，不起尘，易清洁。水泥石屑地面构造也有一层和双层做法之别：一层做法是在垫层或结构层上直接做 25mm 厚 1：2 水泥石屑提浆抹光；两层做法是增加一层 15～20mm 厚 1：3 水泥砂浆找平层，面层铺 15mm 厚 1：2 水泥石屑，提浆抹光即成。

3）水磨石地面

水磨石地面一般分两层施工。在刚性垫层或结构层上用 10～20mm 厚的 1：3 水泥砂浆找平，面铺 10～15mm 厚 1：（1.5～2）的水泥石屑浆，待面层达到一定承载力后加水，用磨石机磨光、打蜡即成。所用水泥为普通水泥，所用石子为中等硬度的方解石、大理石、白云石屑等。

为适应地面变形可能引起的面层开裂以及为施工和维修方便，做好找平层后，用嵌条把地面分成若干小块，尺寸为 1000mm 左右。分块形状可以设计成各种图案。嵌条用料常为玻璃、塑料或金属条（铜条、铝条），嵌条高度同磨石面层厚度，用 1：1 水泥砂浆固定。嵌固砂浆不宜过高，否则会造成面层在嵌条两侧仅有水泥而无石子，影响美观（图 4-11）。如果将普通水泥换成白水泥，并掺入不同颜料和彩色石屑做成各种彩色地面，谓之美术水磨石地面，但造价较普通水磨石高。

水磨石地面具有良好的耐磨性、耐久性、防水防火性，并具有质地美观，表面光洁，不起尘，易清洁等优点。

4.3.2 块料地面

块料地面是把地面材料加工成块（板）状，然后借助胶结材料贴或铺砌在结构层上。胶结材料既起胶结作用又起找平作用，也有先做找平层再做胶结层的。常用胶结材料有水泥砂浆、沥青玛琋脂等，也有用细砂和细炉渣做结合层的。块料地面种类很多，常用的有透水砖、水泥制品块、大理石、缸砖、陶瓷锦砖、陶

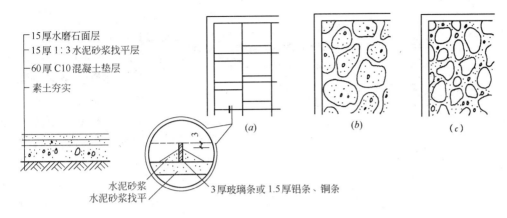

图 4-11　水磨石地面（单位：mm）
(*a*) 嵌分格条；(*b*) 无分格缝；(*c*) 混合石屑

瓷地砖等。

1）透水砖地面

透水砖是以无机材料为主要原料，经过烧结或免烧结等成型工艺处理后制成，具有较大水渗透性能的铺地砖。根据材质不同有石英砂透水砖，纤维混凝土透水砖，陶瓷颗粒透水砖等。

透水砖具有良好的透水、透气性能，可使雨水快速渗入地下，补充土壤水和地下水，保持土壤湿度，改善城市地面植物和土壤微生物的生存条件。同时可吸收水分与热量，调节地表的温湿度，对调节城市小气候、缓解城市热岛效应有一定的作用。此外，透水砖还可以减轻城市排水和防洪压力，由于表面呈微小凹凸，可以吸收车辆行驶时产生的噪声，而且可降低路面雨后积水，雪后打滑的可能性。

透水砖色彩丰富，自然朴实，经济实惠，规格多样化，作为建设海绵城市的重要材料之一，已被广泛应用在公园、广场、停车场、运动场、人行道及轻型车道等室外地面铺装。

2）水泥制品块地面

水泥制品块地面常见的有水泥砂浆砖（尺寸常为边长 150～200mm 的正方形，厚 10～20mm）、水磨石块、预制混凝土块（尺寸常为边长 400～500mm 的正方形，厚 20～50mm）。水泥制品块与基层粘结有两种方式：当预制块尺寸较大且较厚时，常在板下干铺一层 20～40mm 厚细砂或细炉渣，待校正后，板缝用砂浆嵌填。这种做法施工简单、造价低，便于维修更换，但不易平整。城市人行道常按此方法施工。当预制块小而薄时，则采用 12～20mm 厚 1∶3 水泥砂浆做结合层，铺好后再用 1∶1 水泥砂浆嵌缝。这种做法坚实、平整，但施工较复杂，造价也较高（图 4-12）。

3）陶瓷类地面饰面

常用的类型有缸砖、陶瓷马赛克、陶瓷地砖等。它们的原材料、成型尺寸、施工方式、吸水率各有不同，共同的特征是烧结制品。这一类材料都是用陶土或

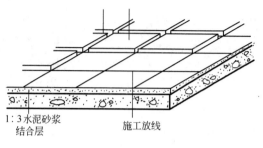

1：3水泥砂浆结合层　　施工放线

图 4-12　水泥制品块地面

瓷土这两处不同性质的黏土为原料，经过配料、成型、干燥、焙烧等工艺流程制成。

缸砖是以陶土为主要原料烧成，为均质制品，多为方形或多边形，密实耐磨，可用于室外和公共建筑物的地面，颜色多为暗红色，吸水率比瓷土烧制的地砖大。

陶瓷马赛克是以优质瓷土烧制而成的小尺寸瓷砖，按一定图案反贴在牛皮纸上而成。它具有抗腐蚀、耐磨、耐火、吸水率小、抗压强度高、易清洗和永不褪色等优点，而且质地坚硬、色泽多样，加之规格小，不易踩碎，主要用于防滑、卫生要求较高的卫生间、浴室等房间的地面。

陶瓷地砖类型有釉面地砖、无光釉面砖和无釉防滑地砖及抛光砖、通体砖和玻化砖等。

陶瓷地砖色彩丰富，色调均匀，砖面平整，耐磨，施工方便，且块大缝少，装饰效果好，特别是防滑地砖和抛光地砖又能防滑，因而越来越多地用于办公、商店、旅馆和住宅中。陶瓷地砖一般厚 6～10mm，其规格尺寸多样，可从 100mm×100mm 到 1000mm×1000mm。有的玻化砖甚至能做到 1200mm 见方，用于地面装修中，使拼缝较少，光滑平整，具有良好的视觉效果。

新型的通体砖，是一种本色无釉质饰面砖，它原料中采用仿天然岩石的彩色颗粒，烧制后表面呈现多彩纹理，具有天然花岗岩的色泽和质感，有红、绿、黄、蓝、灰、棕等多种基色，经磨削加工后表面光亮如镜，纹理细腻，质朴高雅。通体砖质地同花岗石一样坚硬、耐磨、耐腐，又被称为仿花岗石面砖。

梯沿砖又称防滑条，它坚固耐用，表面有凸起条纹，防滑性能好，主要用于楼梯、站台等处的边缘。

综上所述，常用地面、楼面基本做法总结于表 4-6、表 4-7 中。

常用地面做法（单位：mm）　　　表 4-6

名　称	材　料　及　做　法
水泥砂浆地面	15～20 厚 1：2.5 水泥砂浆面层铁板赶光，水泥浆结合层一道，80～100 厚 C15 混凝土垫层，素土夯实
水泥石屑地面	30 厚 1：2 水泥豆石（瓜米石）面层铁板赶光，水泥浆结合层一道，80～100 厚 C15 混凝土垫层，素土夯实
水磨石地面	15 厚 1：2.5 水泥石屑浆面层表面草酸处理后打蜡上光，水泥浆结合层一道，20 厚 1：3 水泥砂浆找平层，水泥浆结合层一道，80～100 厚 C15 混凝土垫层，素土夯实

续表

名　　称	材 料 及 做 法
聚乙烯醇缩丁醛地面	面漆三道，清漆二道，填嵌并满按腻子，清漆一道，25 厚 1：2.5 水泥砂浆找平层，80～100 厚 C15 混凝土垫层，素土夯实
陶瓷马赛克地面	陶瓷马赛克面层白水泥浆擦缝，25 厚 1：2.5 干硬性水泥砂浆结合层，上洒 1～2 厚干水泥并洒适量清水，水泥结合层一道，80～100 厚 C15 混凝土垫层，素土夯实
陶瓷地砖地面	10 厚陶瓷地砖面层白水泥浆擦缝，25 厚 1：2.5 干硬性水泥砂浆结合层，上洒 1～2 厚干水泥并洒适量清水，水泥结合层一道，80～100 厚 C15 混凝土垫层，素土夯实

常　用　楼　面　做　法　　　　　　　　　　　　　表 4-7

名　　称	材 料 及 做 法
水泥砂浆楼面	15～20 厚 1：2.5 水泥砂浆面层铁板赶光，水泥浆结合层一道，结构层
水泥石屑楼面	30 厚 1：2 水泥石屑面层铁板赶光，水泥浆结合层一道，结构层
水磨石楼面（美术水磨石楼面）	15 厚 1：2 水泥石屑浆面层表面草酸处理后打蜡上光，水泥浆结合层一道，20 厚 1：3 水泥砂浆找平层，水泥浆结合层一道，结构层
陶瓷马赛克楼面	陶瓷马赛克面层白水泥浆擦缝，25 厚 1：2.5 干硬性水泥砂浆结合层，上洒 1～2 厚干水泥并洒适量清水，水泥浆结合层一道，结构层
陶瓷地砖楼面	10 厚陶瓷地砖面层配色水泥浆擦缝，25 厚 1：2.5 干硬性水泥砂浆结合层，上洒 1～2 厚干水泥并洒清水适量，水泥结合层一道，结构层
大理石楼面	20 厚大理石块面层配色水泥浆擦缝，25 厚 1：2.5 干硬性水泥砂浆结合层，上洒 1～2 厚干水泥并洒清水适量，水泥浆结合层一道，结构层

4.3.3　塑料地面

塑料地面是以合成树脂为原料，掺入各种填料和助剂，加工制作而成的地面覆盖材料。有块状或卷材，塑料地面可以是一定厚度的块材或卷材形式的油地毡、橡胶地毯、也可以是现场铺涂的涂料地面和涂布无缝地面。

塑料地面装饰效果好，其品种、花样、图案、色彩、质地、形状选择多样，施工简单，轻质耐磨，清洗更换方便。塑料地面有良好的隔声、隔热、防潮的性能，还具有一定弹性，脚感舒适，并且价格相对便宜。但它有易老化，日久失去光泽，受压后产生凹陷、不耐高热，硬物刻划易留痕等缺点。

下面重点介绍聚氯乙烯塑料地面、橡胶地面和涂料地面。

1）聚氯乙烯塑料地面（PVC 地面）

聚氯乙烯塑料地面是以聚氯乙烯为主要原料经过一系列的物理加工过程而成的新型轻体地面装饰材料，也叫 PVC 地面。它具有轻质环保、防水耐磨、导热保暖、弹性吸音、施工便捷等多种优势，因而广泛使用在住宅、医院、学校、办公楼、工厂、超市、商场等各种场所。聚氯乙烯塑料地面从形态上分为卷材地面和片材地面2种，卷材地面一般其宽度有1.5m、2m等，每卷长度有20m，总厚度约1.6～3.2mm。片材地板的规格较多，主要分为条形材和方形材。聚氯乙烯卷材铺设速度快，接缝少；对于较厚的卷材，可不用粘合剂而直接铺在基层上，但缺点是局部破损修复不便。聚氯乙烯板材接缝较多，施工速度较慢，但使用过程中如出现破损，可局部更换而不影响整个地面的外观。

2）橡胶地面

橡胶地面是以天然橡胶、合成橡胶为主要原料制成的地面装饰材料，有橡胶地砖、橡胶地板、橡胶脚垫、橡胶卷材、橡胶地毯等。橡胶地面具有良好的弹性，在抗冲击、绝缘、防滑、隔潮、耐磨、易清理等方面显示出优良的特性。橡胶地板在户内和户外都能长期使用，广泛运用在工业建筑（车间、仓库）、停车库、住宅（盥洗室、厨房、阳台、楼梯）、幼儿园、老年人活动中心、运动场地、游泳馆、人行步道、轮椅斜坡以及潮湿地面防滑部位等处。由于其强度高耐磨性好，尤其适合于人流较多、交通繁忙和负荷较重的场合。通过配方的调整，橡胶地板还可以制成许多特殊的性能和用途，如高度绝缘、抗静电、耐高温、耐油、耐酸碱等。同时还可以制成仿玉石、仿天然大理石、仿木纹等各种表面图案，不同型号和颜色的橡胶地板砖搭配组合还可以形成独特的地面装饰效果。

图4-13所示为几种常见地面装修做法。

| 彩色水磨石地面 | 混凝土制品块广场砖 | 橡胶地面 | 陶瓷地砖 |

图4-13　常见地面装修做法

4.3.4　涂料地面

按照施工方式有涂料地面和涂布无缝地面，前者以涂刷方法施工，涂层较薄；而涂布地面以合成树脂代替水泥，现场涂布施工，涂层较厚，硬化以后形成的整体无接缝地面。它的特点是无接缝，整体性好，易于清洁，并且有良好的物理力学性能。

用于地面的涂料有地板漆、过氯乙烯地面涂料、苯乙烯地面涂料等。这些涂料施工方便，造价较低，可以提高地面耐磨性和韧性以及不透水性，适用于民用建筑中的住宅、医院等。用于工业生产车间的地面涂料，也称为工业地面涂料，一般常用环氧树脂涂料和聚氨酯涂料。这两类涂料都具有良好的耐化学品性、耐磨损和耐机械冲击性能。但是由于水泥地面是易吸潮的多孔性材料，聚氨酯对潮湿的容忍性差，施工不慎易引起层间剥离、针孔等弊病，且对水泥基层的粘结力较环氧树脂涂料差。因而当以耐磨、洁净为主要的性能要求时，宜选用环氧树脂涂料，而以弹性要求为主要性能要求时，则宜使用聚氨酯涂料。

环氧树脂耐磨洁净地面涂料为双组分常温固化的厚膜型涂料，通常将其中的无溶剂环氧树脂涂料称为"自流平涂料"，它是多材料同水混合而成的液态物质，具有一定的流展性，倒入地面后可根据地面的高低不平顺势流动，对地面进行自动找平，并很快干燥，固化后的地面会形成光滑、平整、无缝的新基层。环氧树脂自流平地面是与基层附着力强、在常温下固化形成整体的无缝地面，具有耐磨、耐刻画、耐油、耐腐蚀、防潮抗菌、抗渗且脚感舒适、便于清扫等优点，广泛用于医药、微电子、生物工程、无尘净化室等洁净度要求高的建筑工程中。

4.3.5　地面变形缝

地面变形缝包括温度伸缩缝、沉降缝和防震缝。其设置的位置和大小应与墙面、屋面变形缝一致，大面积的地面还应适当增加伸缩缝。变形缝的构造要求从基层到饰面层脱开，使其产生位移或变形时，能自由位移、不被破坏。还可以根据需要在变形缝内配置止水带、阻火带和保温带等装置，使变形缝满足防水、防火、保温等设计要求。止水带通常采用 1.5mm 厚的三元乙丙橡胶片材，能够长期在阳光、潮湿、寒冷的自然环境下使用。阻火带可以采用能适应伸缩变形的不锈钢调节片或者经防锈处理的金属调节片，根据不同的建筑性质和变形缝的位置，阻火带可满足 1～4h 的不同要求。为了美观，还应在面层加设盖缝板，盖缝板可以选用铝合金板、不锈钢、橡胶等材质，盖缝板应不妨碍构件之间的变形需要（伸缩、沉降），通常为单侧固定的滑动盖缝板，此外，盖缝板的形式和色彩应和室内装修协调。图 4-14～图 4-16 为地面变形缝构造做法及材料示意。

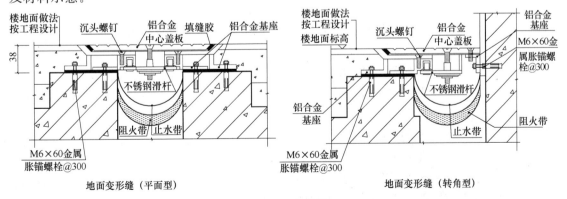

图 4-14　地面变形缝

图 4-15　土建完工时地面变形缝（盖缝前）

图 4-16　成品地面变形缝（金属盖板型）

4.4　顶棚装修

室内空间上部的结构层或装修层称为顶棚。顶棚同墙面、楼地面一样，是建筑物主要装修部位之一。

4.4.1　顶棚类型

1）直接式顶棚

直接式顶棚是指直接在楼板底面或梁底进行抹灰或粉刷、粘贴等装饰而形成的顶棚，一般用于装修要求不高的房间，其要求和做法与内墙装修相同但由于其所处部位，对防脱落的材料构造要求更高。

2）吊顶

在较大空间和装饰要求较高的房间中，因建筑声学、保温隔热、清洁卫生、管道敷设、室内美观等特殊要求，常用顶棚把屋架、梁板等结构构件及设备遮盖起来，形成一个完整的表面。由于顶棚是采用悬吊方式支承于屋顶结构层或楼盖层的梁板之下的，所以称之为吊顶。吊顶的构造设计应从上述多方面进行综合考虑。

4.4.2　顶棚构造

1）直接式顶棚

直接式顶棚包括直接喷刷涂料顶棚和直接抹灰顶棚及直接贴面顶棚三种做法。

（1）直接喷刷涂料顶棚

当要求不高或楼板底面平整时，可在板底嵌缝后喷（刷）石灰浆或涂料二道。

（2）直接抹灰顶棚

对板底不够平整或要求稍高的房间，可采用板底抹灰，抹灰一般在灰板条、钢板网上抹掺有纸筋、麻刀、石棉或人造纤维的灰浆。抹灰顶棚容易出现龟裂，甚至成块破损脱落，适用于小面积吊顶棚。

（3）直接贴面顶棚

对某些装修标准较高或有保温吸声要求的房间，可在板底直接粘贴装饰吸声板、石膏板、塑胶板等。

2）吊顶

吊顶按设置位置的不同，分为屋架下吊顶和混凝土楼板下吊顶，按基层材料分有木骨架吊顶和金属骨架吊顶。

吊顶的结构一般由吊顶基层和面层两大部分组成（图4-17）。

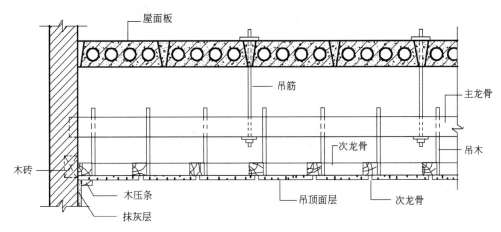

图 4-17 木基层吊顶的构造组成

（1）吊顶基层

基层主要用来固定面板。基层承受吊顶的荷载，并通过吊筋传给屋顶或楼板承重结构。基层由吊筋、龙骨组成。吊顶龙骨分为主龙骨与次龙骨，主龙骨为吊顶的承重结构，次龙骨则是固定面板的基层。

主龙骨通过吊筋或吊件固定在屋顶（或楼板）结构上，次龙骨用同样的方法固定在主龙骨上。龙骨可用木材、轻钢、铝合金等材料制作，其断面大小视其材料品种、是否上人（吊顶承受人的荷载）和面层构造做法等因素而定。主龙骨断面比次龙骨大，间距通常为1m左右。悬吊主龙骨的吊筋是 $\phi 8 \sim \phi 10$ 钢筋，间距也是1m左右。次龙骨间距视面层材料而定，间距不宜太大，一般为 $300 \sim 500$mm左右；刚度大的面层不易翘曲变形，可允许扩大至600mm。

（2）面层

吊顶面层分为抹灰面层和板材面层两大类。抹灰面层为湿作业施工，费工费时。板材面层，既可加快施工速度，又容易保证施工质量。吊顶面层板材的类型很多，一般可分为植物型板材（如胶合板、纤维板、木工板等）、矿物型板材（如石膏板、矿棉板等）、金属板材（如铝合金板、金属微孔吸声板等）等几种。

复 习 思 考 题

1. 简述饰面装修的作用。
2. 简述饰面装修的基层处理原则。
3. 简述饰面装修的类型。
4. 简述墙面装修的种类及特点。

5. 水泥砂浆地面、水泥石屑地面、水磨石地面的组成及优缺点、适应范围。

6. 常用的块料地面的种类、优缺点及适应范围。

7. 塑料地面的优缺点及主要类型。

8. 直接抹灰顶棚的类型及适应范围。

9. 设计吊顶应满足哪些要求？吊顶由哪几部分组成？注意主、次龙骨和吊筋的布置方法及其尺寸要求（跨度、间距等）。

第 5 章
楼　梯

Chapter 5

Stair

建筑空间组合的竖向交通联系依赖于楼梯、电梯、自动扶梯、台阶、坡道以及爬梯等竖向交通设施。其中，楼梯作为竖向交通和人员紧急疏散的主要交通设施，使用最为普遍；垂直升降电梯则常用于多层建筑和高层建筑以及一些标准较高的低层建筑；自动扶梯常用于人流量大且使用要求高的公共建筑；台阶用于室内外高差之间和室内局部高差之间的联系；坡道则用于建筑中有无障碍交通要求的高差之间的联系，也用于多层车库中通行汽车和医疗建筑中通行担架车等；爬梯专用于使用频率低的检修梯等。本章以一般大量性民用建筑中广泛使用的楼梯为重点。

5.1　楼梯的组成、形式、尺度

5.1.1　楼梯的组成

楼梯一般由梯段、平台、栏杆扶手三部分组成，如图 5-1 所示。

1）梯段

俗称梯跑，是联系两个不同标高平台的倾斜构件，通常为板式梯段，也可以由踏步板和梯斜梁组成梁板式梯段。为了减轻疲劳，梯段的踏步步数一般不宜超过 18 级，但也不宜少于 3 级，因梯段步数太多使人连续疲劳，步数太少则不易让人察觉。

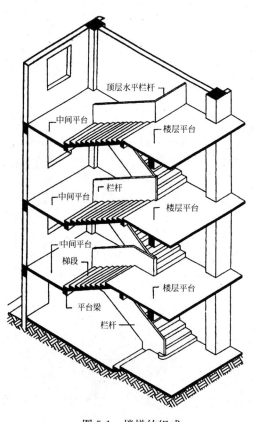

图 5-1　楼梯的组成

2）楼梯平台

按平台所处位置和标高不同，有中间平台和楼层平台之分。两楼层之间的平台称为中间平台，用来供人们行走时调节体力和改变行进方向。与楼层地面标高齐平的平台称为楼层平台，除起着与中间平台相同的作用外，还用来分配从楼梯到达各楼层的人流。

3）栏杆扶手

栏杆扶手是设在梯段及平台边缘的安全保护构件。当梯段宽度不大时，可只在梯段临空面设置。当梯段宽度较大（3 股人流以上）时，非临空面也应加设靠墙扶手。当梯段宽度很大（4 股人流以上）时，则需在梯段中间加设中间扶手。

楼梯作为建筑空间竖向联系的主要部件，其位置应明显，起到提示、引导人流的作用，并要充分考虑造型美观、人流通行顺畅、行走舒适、结构坚固、防火安全等问题，同时还应满足施工和经济条件的要求。因此，需要合理地选择楼梯的形式、坡度、材料、构造做法，精心地处理好其细部构造。

5.1.2 楼梯形式

楼梯形式（图 5-2）的选择取决于所处位置、楼梯间的平面形状与大小、楼层高低与层数、人流多少与缓急等因素，设计时需综合权衡这些因素。

1）直行单跑楼梯

如图 5-2（a）所示，此种楼梯无中间平台，由于单跑楼段踏步数一般不超过18 级，故仅用于层高不高的建筑。

2）直行多跑楼梯

如图 5-2（b）所示，此种楼梯是直行单跑楼梯的延伸，仅增设了中间平台，将单梯段变为多梯段。一般为双跑梯段，适用于层高较大的建筑。

直行多跑楼梯给人以直接、顺畅的感觉，导向性强，在公共建筑中常用于人流较多的大厅。但是，由于其缺乏方位上回转上升的连续性，当用于需上下多层楼面的建筑时，会增加交通面积并加长人流行走的距离。

3）平行双跑楼梯

如图 5-2（c）所示，此种楼梯由于上完一层楼刚好回到原起步方位，与楼梯上升的空间回转往复性吻合，当上下多层楼面时，比直跑楼梯节约交通面积并缩短人流行走距离，是最常用的楼梯形式之一。

4）平行双分双合楼梯

如图 5-2（d）所示，为平行双分楼梯，此种楼梯形式是在平行双跑楼梯基础上演变产生的。其梯段平行而行走方向相反，且第一跑在中部上行，然后其中间平台处往两边以第一跑的二分之一梯段宽，各上一跑到楼层面，通常在人流多、楼段宽度较大时采用。由于其造型的对称严谨性，常用作办公类建筑的主要楼梯。

如图 5-2（e）所示，为平行双合楼梯。此种楼梯与平行双分楼梯类似，区别仅在于楼层平台起步第一跑梯段前者在中而后者在两边。

5）折行多跑楼梯

如图 5-2（f）所示，为折行双跑楼梯。此种楼梯人流导向较自由，折角可变，可为 90°，也可大于或小于 90°。当折角大于 90°时，由于其行进方向性类似直行双跑梯，故常用于导向性强、仅上一层楼的影剧院、体育馆等建筑的门厅中；当折角小于 90°时，其行进方向回转延续性有所改观，形成三角形楼梯间。

如图 5-2（g）所示，为折行三跑楼梯，此种楼梯中部形成较大梯井。由于有三跑梯段，常用于层高较大的公共建筑中。因楼梯井较大，不安全，供少年儿童使用的建筑不能采用此种楼梯。过去有在楼梯井中加电梯井的做法，如图 5-2（h）所示，但现在已不使用。

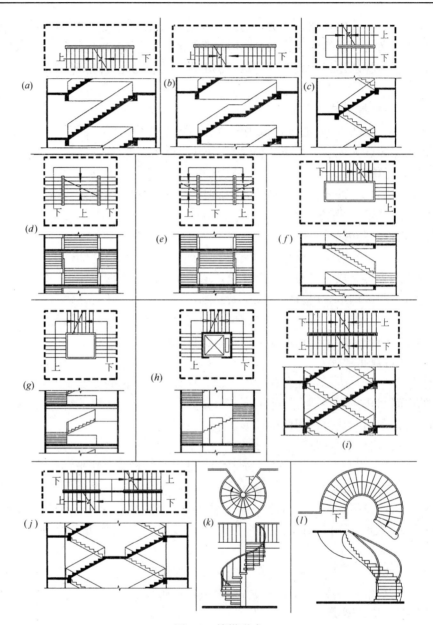

图 5-2 楼梯形式

（a）直行单跑楼梯；（b）直行多跑楼梯；（c）平行双跑楼梯；（d）平行双分楼梯；（e）平行双合楼梯；
（f）折行双跑楼梯；（g）折行三跑楼梯；（h）设电梯折行三跑楼梯；（i）交叉跑（剪刀）；
（j）交叉跑（剪刀）楼梯；（k）螺旋楼梯；（l）弧形楼梯

6）交叉跑（剪刀）楼梯

如图 5-2（i）所示交叉跑（剪刀）楼梯，可认为是由两个直行单跑楼梯交叉并列布置而成，通行的人流量较大，且为上下楼层的人流提供了两个方向，对于空间开敞、楼层人流多方向进入有利。但仅适合层高小的建筑。

如图 5-2（j）所示交叉跑（剪刀）楼梯，当层高较大时，设置中间平台，中间平台为人流变换行走方向提供了条件，适用于层高较大且有楼层人流多向性选择要求的建筑,如商场、多层食堂等。

在图 5-2 (i)、(j) 所示交叉跑(剪刀)楼梯中间加上防火分隔墙(图中虚线所示),在楼梯周边设防火墙并设防火门形成楼梯间,就成了防火交叉跑(剪刀)楼梯。其特点是两边梯段空间互不相通,形成两个各自独立的空间通道,在保证防火分隔安全的前提下,这种楼梯可以视为两部独立的疏散楼梯,满足双向疏散的要求。由于其水平投影面积小,节约了建筑空间,常在有双向疏散要求的高层居住建筑中采用。

7)螺旋形楼梯

如图 5-2 (k) 所示,螺旋形楼梯通常是围绕一根单柱布置,平面呈圆形。其平台和踏步均为扇形平面,踏步内侧宽度很小,并形成较陡的坡度,行走时不安全,且构造较复杂。这种楼梯不能作为主要人流交通和疏散楼梯,但由于其流线形造型美观,常作为建筑小品布置在庭院或室内。

为了克服螺旋形楼梯内侧坡度过陡的缺点,在较大型的楼梯中,可将其中间的单柱变为群柱或筒体。

8)弧形楼梯

如图 5-2 (l) 所示,弧形楼梯与螺旋形楼梯的不同之处在于它围绕一较大的轴心空间旋转,未构成水平投影圆,仅为一段弧环,并且曲率半径较大。其扇形踏步的内侧宽度也较大,使坡度不至于过陡,可以用来通行较多的人流。弧形楼梯也是折行楼梯的演变形式,当布置在公共建筑的门厅时,具有明显的导向性和优美轻盈的造型。但其结构和施工难度较大,通常采用现浇钢筋混凝土或钢结构。

图 5-3 为楼梯实例。

5.1.3 楼梯尺度

1)踏步尺度

楼梯的坡度在实际应用中均由踏步高宽比决定。踏步的高宽比需根据人流行走的舒适、安全和楼梯间的尺度、面积等因素进行综合权衡。常用的坡度为 1:2 左右。人流量大、安全要求高的楼梯坡度应该平缓一些,反之则可陡一些,以利节约楼梯水平投影面积。

楼梯踏步的踏步高和踏步宽一般根据经验数据和各类建筑设计规范确定,见表 5-1。

踏步常用高宽尺寸范围　　　　　　　　　表 5-1

名　　称	住　宅	幼儿园	小　学	中学、大学和人员密集且竖向交通繁忙的建筑	医　院
踏步高 h(mm)	150～175	120～130	120～150	140～165	120～160
踏步宽 b(mm)	260～300	260～280	260～300	280～340	280～350

踏步的高度,成人以 150mm 左右较适宜,不应高于 175mm。踏步的宽度(水平投影宽度)以 300mm 左右为宜,不应窄于 260mm。当踏步宽度过宽时,将导致梯段水平投影面积的增加。踏步宽度过窄时,会使人流行走不安全。为了

图 5-3 楼梯实例

(a) 直行单跑楼梯；(b) 直行双跑楼梯；(c)、(d) 平行双跑楼梯；(e) 平行双分楼梯；(f) 平行
双合楼梯；(g)、(h) 折行多跑楼梯；(i) 螺旋楼梯；(j) 剪刀楼梯；(k)、(l) 弧形楼梯

在踏步宽度一定的情况下增加行走舒适度，常将踏步出挑 20～30mm，使踏步实际宽度大于其水平投影宽度，如图 5-4 所示。

2）梯段尺度

梯段尺度分为梯段宽度和梯段长度。梯段宽度应根据紧急疏散时要求通过的人流股数多少确定。每股人流按 550mm 宽度考虑，双人通行时为 1100mm，三人通行时为 1650mm，余类推。同时，需满足规范中对梯段宽度的低限要求，并应注意梯段宽度与梯段净宽的差别。

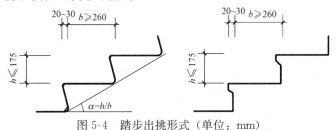

图 5-4 踏步出挑形式（单位：mm）

梯段长度（L）则是每一梯段的水平投影长度，其值为 $L = \left(\dfrac{N}{2}-1\right)b$，其中 b 为踏面水平投影步宽，N 为楼层踏步数，此处需注意踏步数为踢面步高数。

3）平台宽度

平台宽度分为中间平台宽度 D_1 和楼层平台宽度 D_2，对于平行和折行多跑等类型楼梯，其中间平台宽度应不小于梯段宽度，并不得小于 1200mm，以保证通行和梯段同股数人流。同时应便于家具搬运，医院建筑还应保证担架在平台处能转向通行，其中间平台宽度应不小于 1800mm。对于直行多跑楼梯，其中间平台宽度不宜小于 1200mm。对于楼层平台宽度，则应比中间平台更宽松一些，以利人流分配和停留。

4）梯井宽度

所谓梯井，系指梯段之间形成的空档，此空档从顶层到底层贯通，见图 5-5 中 C。在平行多跑楼梯中，可无梯井，但为了梯段制作安装和平台转弯处缓冲，可设梯井。为了安全，其宽度应小，以 60～110mm 为宜。中小学校及其他少年儿童专用活动场所，当楼梯井净宽大于 200mm 时，必须采取防止少年儿童坠落的措施。幼儿使用的楼梯，当梯井净宽度大于 0.11m 时，必须采取防止幼儿攀爬措施；楼梯栏杆应采取不易攀爬的构造，当采用垂直杆件做栏杆时，其杆件净距不应大于 0.09m。

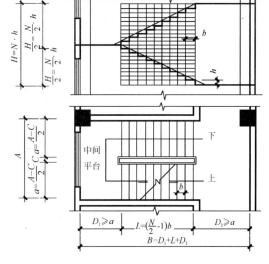

图 5-5 楼梯尺寸计算

5）楼梯尺寸计算

在进行楼梯构造设计时，应对楼梯各细部尺寸进行详细的计算。现以常用的平行双跑楼梯为例，说明楼梯尺寸的计算方法，如图 5-5 所示。

（1）根据层高 H 和初选步高 h 定每层步数 N，$N = H/h$。为了减少梯段构件规格，一般尽量采用等跑梯段，因此 N 宜为偶数。如所求出 N 为奇数或非整数，可反过来调整步高 h。

（2）根据步数 N 和初选步宽 b 决定梯段水平投影长度 L，$L = \left(\dfrac{N}{2} - 1\right) \cdot b$。

（3）确定是否设梯井。如楼梯间宽度较富裕，可在两梯段之间设梯井。供少年儿童使用的楼梯梯井宽度 C 不应大于 110mm，以利安全。

（4）根据楼梯间开间净宽 A 和梯井宽 C 确定梯段宽度 a，$a = (A-C)/2$。同时检验其通行能力是否满足紧急疏散时的人流股数要求，如不能满足，则应对梯井宽 C 或楼梯间开间净宽 A 进行调整。

（5）根据初选中间平台宽 D_1（$D_1 \geqslant a$）和楼层平台宽 D_2（$D_2 > a$）以及梯段水平投影长度 L 检验楼梯间进深净长度 B，$B = D_1 + L + D_2$。如不能满足，可对 L 值进行调整（即调整 b 值）。必要时，则需调整 B 值。

在 B 值一定的情况下，如尺寸有富裕，一般可加宽 b 值以减缓坡度或加宽 D_2 值以利于楼层平台分配人流。

在装配式楼梯中，D_1 和 D_2 值的确定尚需注意使其符合平台构件安放尺寸，或使异形尺寸构件仅在一个平台，减少异形构件数量。图 5-6 为楼梯各层平面图图示。

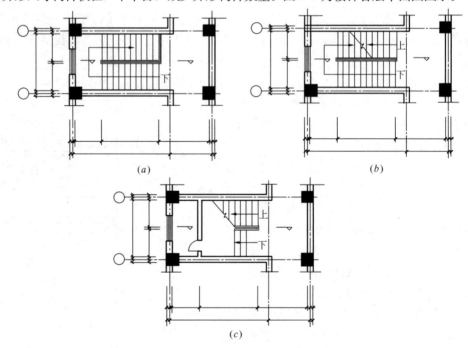

图 5-6　楼梯各层平面图图示

（a）顶层平面图；（b）标准层平面图；（c）底层平面图

6）栏杆扶手尺度

梯段栏杆扶手高度指踏步前缘线到扶手顶面的垂直距离。其高度根据人体重心高度和楼梯坡度大小等因素确定，一般不应低于 900mm；靠楼梯井一侧水平扶手超过 500mm 长度时，其扶手高度不应小于 1050mm；供儿童使用的楼梯应在 500～600mm

高度增设扶手（图5-7）。托儿所、幼儿园的防护栏杆必须采用防止幼儿攀爬和穿过的构造，当采用垂直杆件做栏杆时，其杆件净距离不应大于0.09m。

7）楼梯净空高度

楼梯各部位的净空高度应保证人流通行和家具搬运，最低要求不小于2000mm，梯段范围内净空高度应大于2200mm（图5-8）。

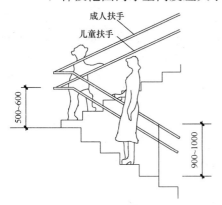

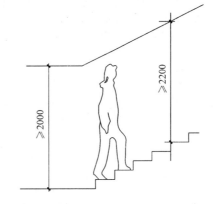

图5-7　扶手高度位置（单位：mm）　　　　　图5-8　楼梯净空高度（单位：mm）

当在平行双跑楼梯底层中间平台下需设置通道时，为保证平台下净高满足通行要求，一般可采用以下方式解决：

（1）在底层变作长短跑梯段。起步第一跑为长跑，以提高中间平台标高（图5-9a）。

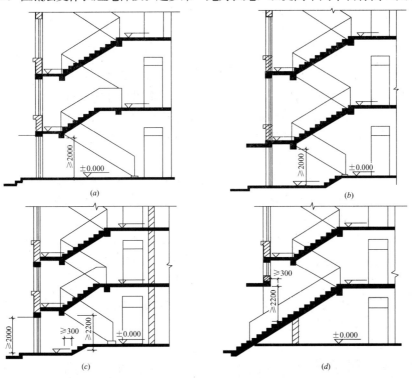

图5-9　底层中间平台下作出入口的处理方式（单位：mm）
（a）底层长短跑；（b）局部降低地坪；（c）底层长短跑并局部降低地坪；（d）底层直跑

这种方式仅在楼梯间进深较大、底层平台宽 D_2 富裕时适用。

（2）局部降低底层中间平台下地坪标高，使其低于底层室内地坪标高±0.000，以满足净空高度要求。但降低后的中间平台下地坪标高仍应高于室外地坪标高，以免雨水内溢（图5-9b）。这种处理方式可保持等跑梯段，使构件统一。但中间平台下地坪标高的降低，常依靠底层室内地坪±0.000标高绝对值的提高来实现，可能增加填土方量或将底层地面架空。

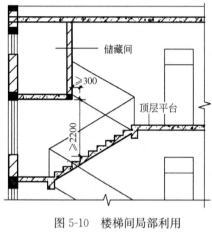

储藏间

≥300

≥2200

顶层平台

图5-10　楼梯间局部利用
（单位：mm）

（3）综合上两种方式，在采取长短跑梯段的同时，又适当降低底层中间平台下地坪标高（图5-9c）。这种处理方式可兼有前两种方式的优点，并弱化其缺点。

（4）底层用直行单跑或直行双跑楼梯直接从室外上二层（图5-9d）。这种方式常用于住宅建筑，设计时需注意入口处雨篷底面标高的位置，保证净空高度在2.2m以上。

在楼梯间顶层，当楼梯不上屋顶时，由于局部净空高度大，空间浪费，可在满足楼梯净空要求的情况下局部加以利用，例如做成小储藏间，如图5-10所示。

5.2　预制装配式钢筋混凝土楼梯构造

钢筋混凝土楼梯具有坚固耐久，节约木材、防火性能好、可塑性强等优点，得到广泛应用。作为交通联系部件和室内外建筑造型的元素，现代建筑材料中的钢材、玻璃，以及传统建筑常用的竹、木材料，都可以作为楼梯建造的选料。对于有防火疏散功能要求的楼梯，钢筋混凝土楼梯在满足防火要求方面有较大的优势，因此在疏散楼梯中被广泛采用，故以最常用的钢筋混凝土楼梯为例来了解楼梯的构造组成。

钢筋混凝土楼梯按其施工方式可分为预制装配式和现浇整体式。两种方式的区别是：预制装配式将组成楼梯的结构构件分别预制后在现场安装而成，而现浇整体式可以视为将上述构件整体支模后进行现场浇筑。现浇整体式刚度好，但现场施工量大。预制装配式有利于节约模板、提高施工速度，但结构整体性和造型可塑性不如现浇整体式。在装配式建筑的发展中，钢筋混凝土装配式楼梯也有较大的应用。

构件分解的方式有助于了解建筑构配件的组成。因此，本节首先讨论预制装配式钢筋混凝土楼梯构造。

5.2.1　基本形式

预制装配式钢筋混凝土楼梯按其构造方式可分为墙承式、墙悬臂式和梁承式等类型。

1）墙承式

预制装配墙承式钢筋混凝土楼梯系指预制钢筋混凝土踏步板直接搁置在墙上的一种楼梯形式，过去常用于砖混结构建筑中，如图 5-11 所示。其踏步板一般采用一字形、"L"形或"ㄱ"形断面。

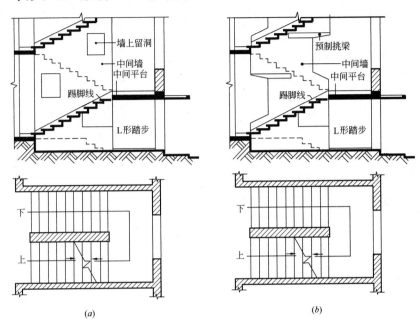

图 5-11　预制装配墙承式钢筋混凝土楼梯
（a）中间墙上设观察窗；（b）中间墙局部收进

预制装配墙承式钢筋混凝土楼梯踏步两端由墙体支承，不需设平台梁、梯斜梁和栏杆，需要时设靠墙扶手。但由于踏步板直接安装入墙体，对墙体砌筑和施工速度影响较大。同时，踏步板入墙端形状、尺寸与墙体砌块模数不容易吻合，砌筑质量不易保证。这种楼梯由于在梯段之间有墙，搬运家具不方便，阻挡视线，对抗震不利，施工也较麻烦，现在仅有时用于小型的一般砖混结构建筑中。

2）墙悬臂式

预制装配墙悬臂式钢筋混凝土楼梯系指预制钢筋混凝土踏步板一端嵌固于楼梯间侧墙上，另一端凌空悬挑的楼梯形式，如图 5-12 所示。

预制装配墙悬臂式钢筋混凝土楼梯无平台梁和梯斜梁，也无中间墙，楼梯间空间轻巧空透，结构占空间少，但其楼梯间整体刚度极差，不能用于有抗震设防要求的地区。由于需随墙体砌筑安装踏步板，并需设临时支撑，施工比较麻烦，现在已较少采用。

3）梁承式

预制装配梁承式钢筋混凝土楼梯系指梯段由平台梁支承的楼梯构造方式。由于在楼梯平台与斜向梯段交汇处设置了平台梁，避免了构件转折处受力不合理和节点处理的困难，同时平台梁既可支承于承重墙上又可支承于框架结构梁上，在

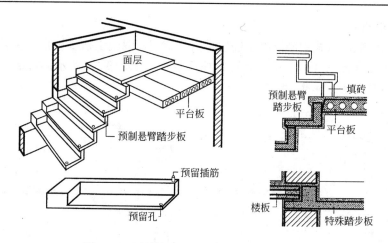

图 5-12　预制装配墙悬臂式钢筋混凝土楼梯

一般大量性民用建筑中较为常用。预制构件可按梯段（板式或梁板式梯段）、平台梁、平台板三部分进行划分，如图 5-13 所示。

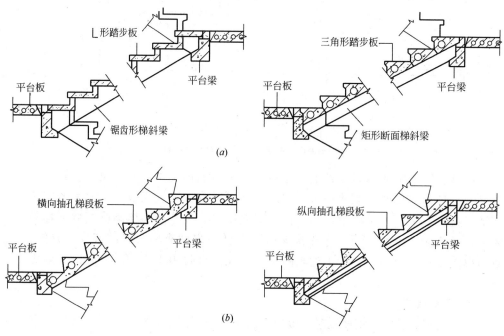

图 5-13　预制装配梁承式楼梯
（a）梁板式梯段；（b）板式梯段

本节以常用的平行双跑楼梯为例，阐述预制装配梁承式钢筋混凝土楼梯的一般构造。

5.2.2　预制装配梁承式楼梯构件

1）梯段

（1）梁板式梯段

梁板式梯段由梯斜梁和踏步板组成。一般在踏步板两端各设一根梯斜梁，踏步板支承在梯斜梁上。由于构件小型化，不需大型起重设备即可安装，施工简便（图 5-13a）。

● 踏步板　踏步板断面形式有一字形、"L"形、"ㄱ"形、三角形等，断面厚度根据受力情况，约为 40～80mm（图 5-14）。一字形断面踏步板制作简单，踢面可漏空或填实，但其受力不太合理，仅用于简易梯、小梯、室外梯等。"L"形与"ㄱ"形断面踏步板较一字形断面踏步板受力合理、用料省、自重轻，为平板带肋形式，其缺点是底面呈折线形，不平整。三角形断面踏步板使梯段底面平整、简洁，解决了前几种踏步板底面不平整的问题。为了减轻自重，常将三角形断面踏步板抽孔，形成空心构件。

● 梯斜梁　梯斜梁一般为矩形断面，为了减少结构所占空间，也可做成"L"形断面，但构件制作较复杂。用于搁置一字形、"L"形、"ㄱ"断面踏步板的梯斜梁为锯齿形变断面构件。用于搁置三角形断面踏步板的梯斜梁为等断面构件（图 5-15）。梯斜梁一般按 $L/12$ 估算其断面有效高度（L 为梯斜梁水平投影跨度）。

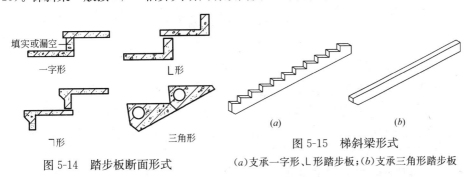

图 5-14　踏步板断面形式

图 5-15　梯斜梁形式
(a) 支承一字形、L 形踏步板；(b) 支承三角形踏步板

（2）板式梯段

板式梯段为整块或数块带踏步条板，其上下端直接支承在平台梁上（图 5-13b）。由于没有梯斜梁，梯段底面平整，结构厚度小，其有效断面厚度可按 $L/30$～$L/20$ 估算，由于梯段板厚度小，且无梯斜梁，使平台梁相应抬高，增大了平台下净空高度。

为了减轻梯段板自重，也可做成空心构件，有横向抽孔和纵向抽孔两种方式。横向抽孔较纵向抽孔合理易行，较为常用，如图 5-16 所示。

2）平台梁

为了便于支承梯斜梁或梯段板，平衡梯段水平分力并减少平台梁所占结构空间，一般将平台梁做成"L"形断面，如图 5-17 所示。其构造高度按 $L/(10-12)$ 估算（L 为平台梁跨度）。

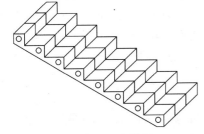

图 5-16　板式梯段

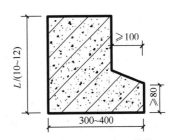

图 5-17　平台梁断面尺寸（单位：mm）

3）平台板

平台板可根据需要采用钢筋混凝土空心板、槽板或平板。需要注意的是，在平台上有管道井处，不宜布置空心板。平台板一般平行于平台梁布置，以利于加强楼梯间整体刚度。当垂直于平台梁布置时，常用小平板，图 5-18 为平台板布置方式。

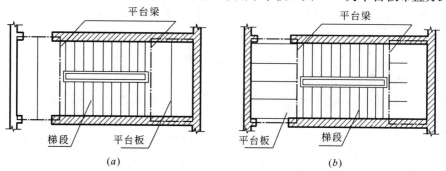

图 5-18　平台板布置方式

（a）平台板平行于平台梁；（b）平台板垂直于平台梁

5.2.3　梯段与平台梁节点处理

梯段与平台梁节点处理是构造设计的难点。就两梯段之间的关系而言，一般有梯段齐步和错步两种方式。就平台梁与梯段之间的关系而言，有埋步和不埋步两种方式，如图5-19所示。

1）梯段齐步布置的节点处理

如图 5-19（a）所示，上下梯段起步和末步对齐，平台完整，可节省梯间进深尺寸。梯段与平台梁的连接，一般以上下梯段底线交点作为平台梁牛腿 O 点，可使梯段板或梯斜梁支承端形状简化。

2）梯段错步布置的节点处理

如图 5-19（b）所示，上下梯段起步和末步相错一步，在平台梁与梯段连接方式相同的情况下，平台梁底标高可比齐步方式抬高，有利于减少结构空间。但错步方式使平台不完整，并且多占楼梯间进深尺寸。

当两梯段采用长短跑时，它们之间的相错步数便不止一步，需将短跑梯段做成折形构件。如图 5-19（d）所示。

3）梯段不埋步的节点处理

如图 5-19（c）所示，此种方式用平台梁代替了一步踏步，可以减小梯段跨度。当楼层平台处侧墙上有门洞时，可避免平台梁支承在门过梁上，在住宅建筑中尤为实用。但此种方式的平台梁为变截面梁，平台梁底标高也较低，结构占空间较大，减少了平台梁下净空高度。另外，尚需注意不埋步梁板式梯段采用"L"形踏步板时，其起步处第一踢面需填充。

4）梯段埋步的节点处理

如图 5-19（a）所示，此种方式梯段跨度较前者大，但平台梁底标高可提高，有利于增加平台下净空高度，平台梁可为等截面梁。此种方式常用于公共建筑。

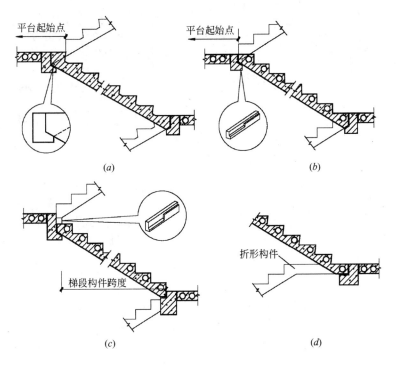

图 5-19　梯段与平台梁节点处理

（*a*）梯段齐步并埋步；（*b*）梯段错一步；（*c*）梯段齐步不埋步；（*d*）梯段错多步

另外，尚需注意埋步梁板式梯段采用"L"形踏步板时，在末步处会产生一字形踏步板，当采用"ㄱ"形踏步板时，在起步处会产生一字形踏步板。

5.2.4　构件连接

由于楼梯是主要交通部件，对其坚固耐久、安全可靠的要求较高，特别是在地震区建筑中更需引起重视。梯段为倾斜构件，故需加强各构件之间的连接，提高其整体性。

1）踏步板与梯斜梁连接

如图 5-20（*a*）所示，一般在梯斜梁支承踏步板处用水泥砂浆坐浆连接。如需加强，可在梯斜梁上预埋插筋，与踏步板支承端预留孔插接，用高强度等级水泥砂浆填实。

2）梯斜梁或梯段板与平台梁连接

如图 5-20（*b*）所示，在支座处除了用水泥砂浆坐浆外，应在连接端预埋钢板进行焊接。

3）梯斜梁或梯段板与梯基连接

如图 5-20（*c*）、（*d*）所示，在楼梯底层起步处，梯斜梁或梯段板下应作梯基，梯基常用砖或混凝土，也可用平台梁代替梯基。但需注意该平台梁无梯段处与地坪的关系。

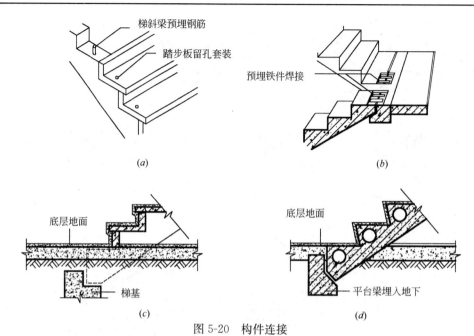

图 5-20　构件连接

（a）踏步板与梯斜梁连接；（b）梯段与平台梁连接；（c）梯段与梯基连接；（d）平台梁代替梯基

5.3　现浇整体式钢筋混凝土楼梯构造

现浇整体式钢筋混凝土楼梯结构整体性好，能适应各种楼梯间平面和楼梯形式，充分发挥钢筋混凝土的可塑性。但由于需要现场支模，模板耗费较大，施工周期较长，并且抽孔困难，不便做成空心构件，所以混凝土用量和自重较大。通常用于特殊异形的楼梯或整体性要求高的楼梯，或在预制装配条件不具备时采用。

现浇整体式钢筋混凝土楼梯有梁承式、梁悬臂式、扭板式等类型，其构造特点如下。

5.3.1　现浇梁承式

现浇梁承式钢筋混凝土楼梯，由于其平台梁和梯段连接为一整体，比预制装配梁承式钢筋混凝土楼梯受构件搭接支承关系的制约少。当梯段为梁板式梯段时，梯斜梁可上翻或下翻形成梯帮，如图 5-21（a）、（b）所示。由于梁板式梯段踏步板底面为折线形，支模较困难，常做成板式梯段，如图 5-21（c）所示。

在钢筋混凝土框架结构建筑中，当楼梯设有平台梁时，中间平台梁的荷载向框架梁传递会遇到两者高度位置的矛盾，一般采取在框架梁上设短柱的方式支承中间平台梁，如图 5-22（a）所示。当楼梯为开敞式，未用墙体围合成封闭楼梯间时，短柱将影响美观效果，这时，可将平台板和梯段板联合成 Z 形构件，楼层平台一端支承于框架梁上，中间平台一端支承于约半层高（具体高度视设计而定）位置处的小梁上，如图 5-22（b）所示。

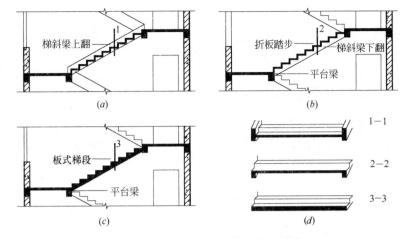

图 5-21　现浇梁承式钢筋混凝土楼梯

(a) 梯斜梁上翻；(b) 梯斜梁下翻；(c) 板式梯段

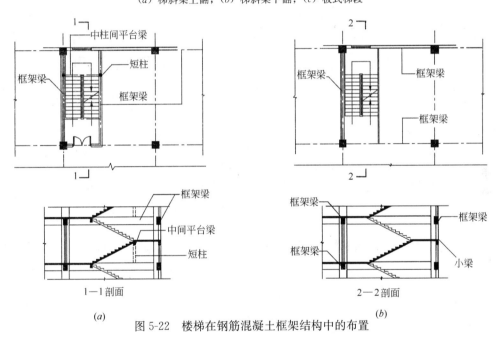

图 5-22　楼梯在钢筋混凝土框架结构中的布置

5.3.2 现浇梁悬臂式

现浇梁悬臂式钢筋混凝土楼梯系指踏步板从梯斜梁两边或一边悬挑的楼梯形式，常用于框架结构建筑中或室外露天楼梯，如图 5-23 所示。

这种楼梯一般为单梁或双梁悬臂支承踏步板和平台板。单梁悬臂常用于中小型楼梯或小品景观楼梯，双梁悬臂则用于梯段宽度大、人流量大的大型楼梯，可减小踏步板跨，但双梁底面之间常需另做吊顶。由于踏步板悬挑，造型轻盈美观。踏步板断面形式有平板式、折板式和三角形板式。平板式断面踏步使梯段踢面空透，常用于室外楼梯，为了使悬臂踏步板符合力学规律并增加美观，常将踏步板断面逐渐向悬臂端减薄，如图 5-23 (a) 所示。折板式断面踏步板由于踢面

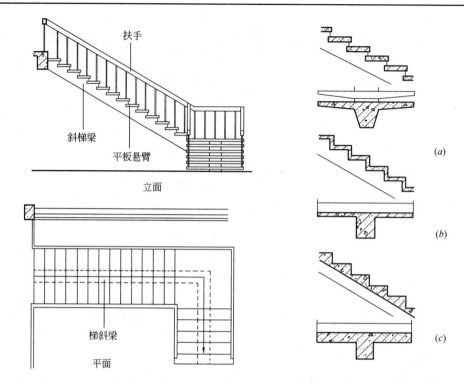

图 5-23 现浇梁悬臂式钢筋混凝土楼梯

(*a*) 平板式；(*b*) 折板式；(*c*) 三角形板式

未漏空，可加强板的刚度并避免尘埃落下，故常用于室内，如图 5-23 (*b*) 所示。为了解决折板式断面踏步板底支模困难和不平整的弊病，可采用三角形断面踏步板板式梯段，使其板底平整，支模简单，如图 5-23 (*c*) 所示。但采用这种做法，混凝土用量和自重均有所增加。

现浇梁悬臂式钢筋混凝土楼梯通常采用整体现浇方式，但为了减少现场支模，也可采用梁现浇、踏步板预制装配的施工方式。这时，对于斜梁与踏步板和踏步板之间的连接，须慎重处理，以保证其安全可靠。如图 5-24 所示，在现浇

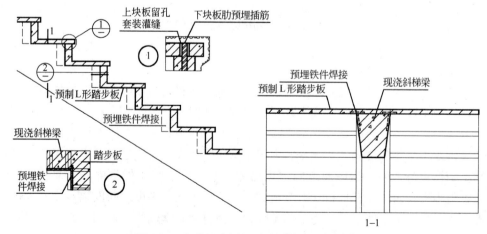

图 5-24 部分现浇梁悬臂式钢筋混凝土楼梯

梁上预埋钢板与预制踏步板预埋件焊接，并在踏步之间用钢筋插接后以高强度等级水泥砂浆灌浆填实，加强其整体性。

5.3.3 现浇扭板式

现浇扭板式钢筋混凝土楼梯底面平顺，结构占空间少，造型美观。但由于板跨大，受力复杂，结构设计和施工难度较大，钢筋和混凝土用量也较大。图5-25为现浇扭板式钢筋混凝土弧形楼梯，一般多用于公共大厅中。为了使梯段边沿线条轻盈，常在靠近边沿处局部减薄出挑。

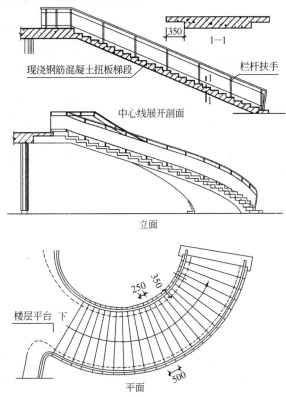

图5-25 现浇扭板式钢筋混凝土弧形楼梯（单位：mm）

5.4 踏步和栏杆扶手构造

踏步面层装修和栏杆扶手处理的好坏直接影响楼梯的使用安全和美观，在设计中应引起足够重视。

5.4.1 踏步面层及防滑处理

1）踏步面层

楼梯踏步面层装修做法与楼层面层装修做法基本相同，但由于楼梯是一幢建筑中的主要交通疏散部件，其对人流的导向性要求高，使用频率大，装修用材标准应高于或至少不低于楼地面装修用材标准，使其在建筑中具有明显醒目的地位，引导人流。同时，由于楼梯人流量大，使用率高，在考虑踏步面层装修做法时应选择耐磨、防滑、美观、不起尘的材料。根据造价和装修标准的不同，常用的有水泥豆石面层、普通水磨石面层、彩色水磨石面层、地面砖面层、大理石面层、花岗石面层等。

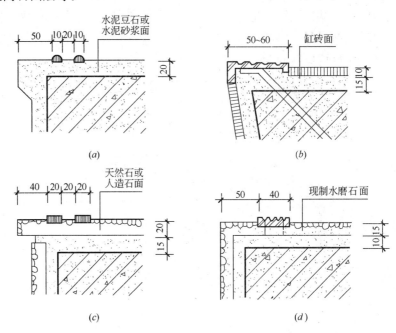

图 5-26 踏步面层及防滑处理（单位：mm）
（a）金刚砂防滑条；（b）铸铁防滑条；（c）陶瓷锦砖防滑条；（d）金属防滑条

2）防滑处理

在踏步上设置防滑条的目的在于避免行人滑倒，并起到保护踏步阳角的作用。在人流量较大的楼梯中均应设置。其设置位置靠近踏步阳角处。常用的防滑条材料有：水泥铁屑、金刚砂、金属条（铸铁、铝条、铜条）、陶瓷马赛克及带防滑条地面砖等，如图 5-26 所示。需要注意的是，防滑条应凸出踏步面 2～3mm，但不能太高，实际工程中如做得太高，反而使行走不便。

5.4.2　栏杆与扶手构造

1）栏杆形式与构造

栏杆形式可分为空花式、栏板式、混合式等类型，需根据材料、经济、装修标准和使用对象的不同进行合理的选择和设计。

（1）空花式

空花式楼梯栏杆以栏杆竖杆作为主要受力构件，常采用钢材制作，有时也采用木材、铝合金型材、铜材或不锈钢材等制作。这种类型的栏杆具有重量轻、空透轻巧的特点，是楼梯栏杆的主要形式，一般用于室内楼梯。

图 5-27 为空花式栏杆示例。
在构造设计中应保证其竖杆具
有足够的承载力以抵抗侧向冲
击力,最好将竖杆与水平杆及
斜杆连为一体共同工作。其杆
件形成的空花尺寸不宜过大,
以避免不安全感,特别是供少
年儿童使用的楼梯尤应注意。

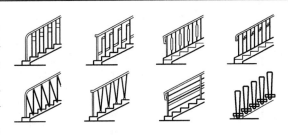

图 5-27 空花式栏杆

当竖杆间距较密时,其杆件断面可小一些,反之则可大一些。常用的钢竖杆断面
为圆形和方形,并分为实心和空心两种。实心竖杆断面尺寸,圆形一般为 $\phi16\sim$
$\phi30$,方形为 $20\text{mm}\times20\text{mm}\sim30\text{mm}\times30\text{mm}$,竖杆间距 $\not>110\text{mm}$。

（2）栏板式

栏板式取消了杆件,免去了空花栏杆的不安全因素,但栏板构件应与主体
结构连接可靠,能承受侧向推力。栏板材料常采用、钢筋混凝土栏板,常用于
室外楼梯,图 5-28 所示为钢筋混凝土栏板构造。

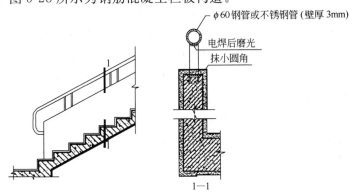

$\phi60$ 钢管或不锈钢管 (壁厚 3mm)

电焊后磨光

抹小圆角

1—1

图 5-28 栏板式栏杆

钢丝网（或钢板网）水泥抹灰栏板以钢筋作为主骨架,然后在其间绑扎钢丝
网或钢板网,用高强度等级水泥砂浆双面抹灰。这种做法需注意钢筋骨架强度并
与梯段构件可靠连接。

钢筋混凝土栏板与钢丝网水泥栏板类似,多采用现浇处理,比前者牢固、安
全、耐久,但栏板厚度以及造价和自重增大。栏板厚度太大会影响梯段有效宽
度,并增加自重。

（3）混合式

混合式是指空花式和栏板式两种栏杆形式的组合,栏杆竖杆作为主要抗侧力
构件,栏板则作为防护和美观装饰构件,其栏杆竖杆常采用钢材或不锈钢等材
料,其栏板部分常采用强度较高的轻质美观材料制作,如木板、塑料贴面板、铝
板、有机玻璃板或刚化夹胶玻璃板等（图 5-29）。

2）扶手形式

楼梯扶手常用木材、塑料、金属管材（钢管、铝合金管、铜管和不锈钢管等）

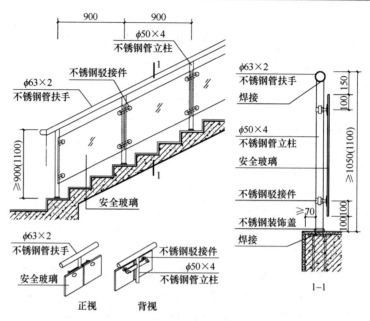

图 5-29　混合式栏杆（单位：mm）

制作。木扶手和塑料扶手具有手感舒适，断面形式多样的优点，使用最为广泛。木扶手常采用硬木制作。塑料扶手可选用生产厂家定型产品，也可另行设计加工制作。金属管材扶手由于其可弯性，常用于螺旋形、弧形楼梯，但其断面形式单一。钢管扶手表面涂层易脱落，铝管、铜管和不锈钢管扶手则造价较高。

　　扶手断面形式和尺寸的选择既要考虑人体尺度和使用要求，又要考虑与楼梯的尺度关系和加工制作方便。图 5-30 为几种常见扶手断面形式和尺度。

　　3）栏杆扶手连接构造

　　（1）栏杆与扶手连接

　　空花式和混合式栏杆，当采用木材或塑料扶手时，一般在栏杆竖杆顶部设通长扁钢与扶手底面或侧面槽口榫接，用木螺钉固定，如图 5-30 所示。金属管材扶手与栏

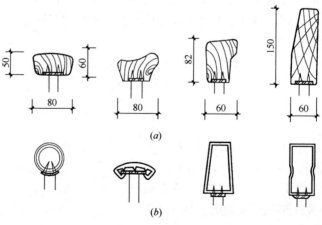

图 5-30　常见扶手断面形式与尺度（单位：mm）

（a）木扶手；（b）塑料扶手

杆竖杆连接一般采用焊接或铆接,采用焊接时需注意扶手与栏杆竖杆用材一致。

(2)栏杆与梯段、平台连接

栏杆竖杆与梯段、平台的连接,一般在梯段和平台上预埋钢板焊接或预留孔插接。为了保护栏杆免受锈蚀和增强美观,常在竖杆下部装设套环,覆盖住栏杆与梯段或平台的接头处,如图 5-31 所示。

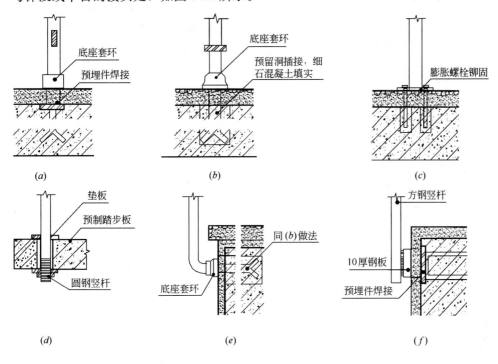

图 5-31 栏杆与梯段、平台连接

(3)扶手与墙面连接

当直接在墙上装设扶手时,扶手应与墙面保持 100mm 左右的距离。一般在墙上留洞,将扶手连接杆件伸入洞内,用细石混凝土嵌固,如图 5-32(a)所示。当扶手与钢筋混凝土墙或柱连接时,一般采取预埋钢板焊接,如图 5-32(b)所示。在栏杆扶手结束处与墙、柱面相交,也应有可靠连接,如图 5-32(c)、(d)所示。

(4)楼梯起步和梯段转折处栏杆扶手处理

在底层第一跑梯段起步处,为增强栏杆刚度和美观,可以结合第一级踏步的形状,对栏杆扶手进行特殊处理,如图 5-33 所示。

在梯段转折处,由于梯段间的高差关系,为了保持栏杆高度一致和扶手的连续,需根据不同情况进行处理。如图 5-34 所示,当上下梯段齐步时,上下扶手在转折处同时向平台延伸半步,使两扶手高度相等,连接自然,但这样做缩小了平台的有效深度;如扶手在转折处不伸入平台,下跑梯段扶手在转折处需上弯形成鹤颈扶手;因鹤颈扶手制作较麻烦,也可改用直线转折的硬接方式。当上下梯段错一步时,扶手在转折处不需向平台延伸即可自然连接。当长短跑梯段错开几步时,将出现一段水平栏杆。

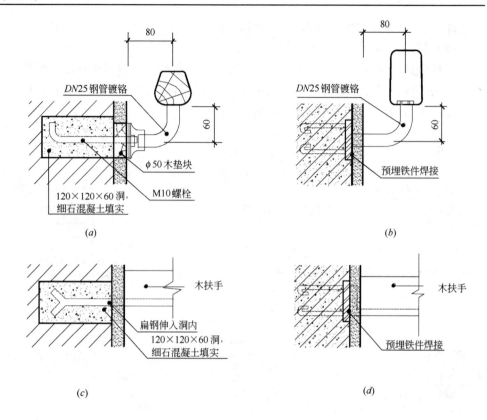

图 5-32　扶手与墙面连接

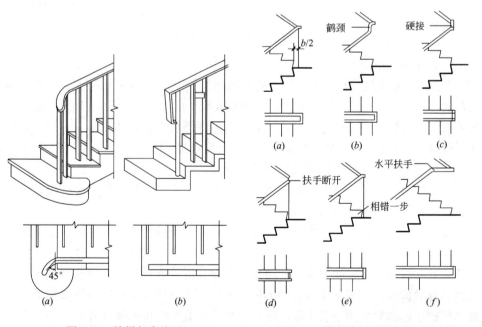

图 5-33　楼梯起步处理　　　　图 5-34　梯段转折处栏杆扶手处理

5.5　室外台阶与坡道

室外台阶与坡道是建筑出入口处室内外高差之间的交通联系部件。由于其位置明显，人流量大，并需考虑无障碍设计，又处于半露天位置，特别是当室内外高差较大或基层土质较差时，须慎重处理。

5.5.1　台阶尺度

由于台阶处于室外，台阶踏步宽度应比楼梯踏步宽度大一些，使坡度平缓，以提高行走舒适度。其踏步高（h）一般在 $120 \sim 150mm$，踏步宽（b）在 $300 \sim 400mm$，步数根据室内外高差确定。在台阶与建筑出入口大门之间，常结合雨棚设一缓冲平台，作为室内外空间的过渡。平台深度一般不应小于 1000mm，平台需做 3% 左右的排水坡度，以利雨水排除，如图 5-35 所示。考虑有无障碍设计坡道时，出入口平台深度不应小于 1500mm。

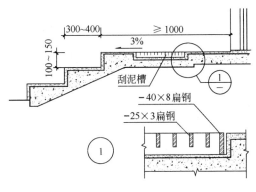

图 5-35　台阶尺度

5.5.2　台阶面层

由于台阶位于易受雨水侵蚀的环境之中，需慎重考虑防滑和抗风化问题。其面层材料应选择防滑和耐久的材料，如水泥石屑、斩假石（剁斧石）、天然石材、防滑地面砖等。对于人流量大的建筑的台阶，还宜在台阶平台处设刮泥槽。需注意刮泥槽的刮齿应垂直于人流方向，其刮齿间距不大于 20mm，如图 5-35 所示。

5.5.3　台阶垫层

步数较少的台阶，其垫层做法与地面垫层做法类似。一般采用素土夯实后按台阶形状尺寸做 C15 混凝土垫层或砖石垫层。标准较高的或地基土质较差的还可在垫层下加铺一层碎砖或碎石层。

对于步数较多或地基土质差的台阶，可根据情况架空成钢筋混凝土台阶，以避免过多填土或产生不均匀沉降。

严寒地区的台阶还需考虑地基土冻胀因素，可用含水率低的砂石垫层换土至冰冻线以下。图 5-36 为几种台阶做法示例。

图 5-37 为上海游泳馆折行双跑楼梯构造实例；图 5-38 为北京某使馆圆弧形楼梯构造实例；图 5-39 为上海游泳馆陆上训练房螺旋形楼梯构造实例。

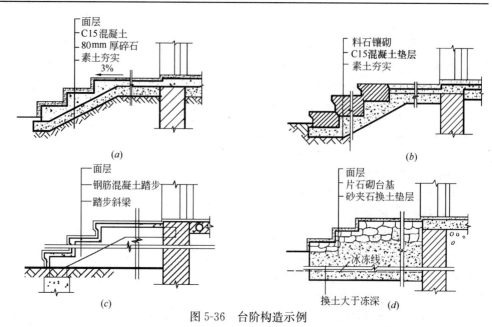

图 5-36　台阶构造示例

（a）混凝土台阶；（b）石砌台阶；（c）钢筋混凝土架空台阶；（d）换土地基台阶

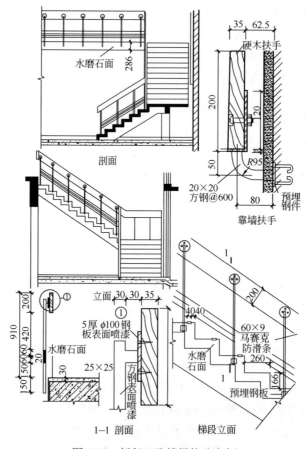

图 5-37　折行双跑楼梯构造实例

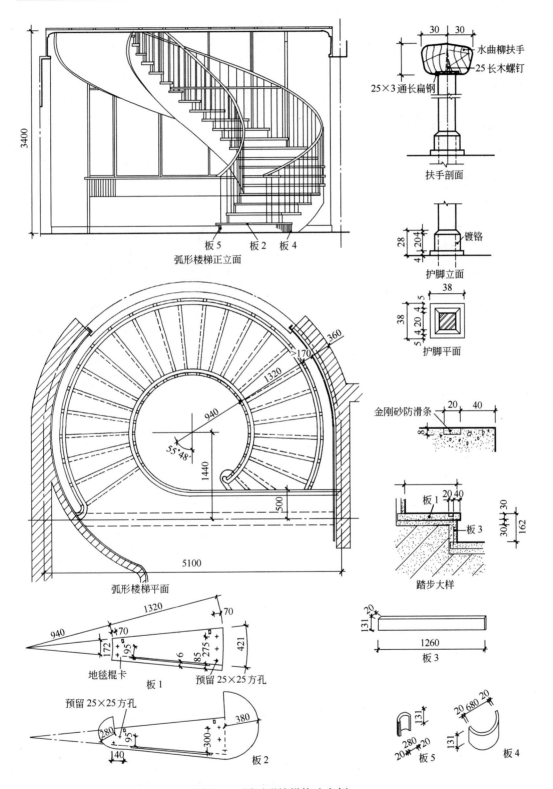

图 5-38　圆弧形楼梯构造实例

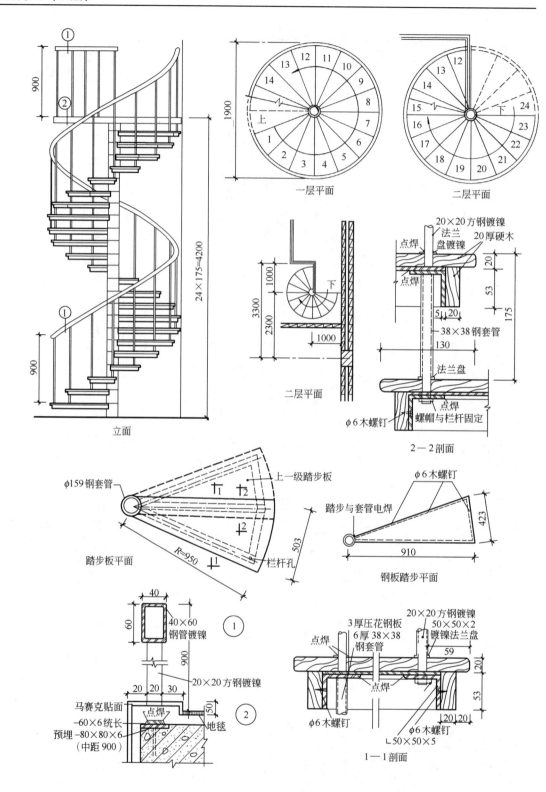

图 5-39　螺旋形楼梯构造实例

5.5.4 坡道

在需要进行无障碍设计的建筑物的出入口内外，应留有不小于 1500mm×1500mm 的平坦的轮椅回转面积。室内外的高差处理除用台阶连接外，还应采用坡道连接。坡道的形式如图5-40所示。

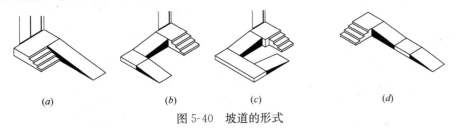

图 5-40 坡道的形式

（a）一字形坡道；（b）L 形坡道；（c）U 字形坡道；（d）一字形多段式坡道

1）坡道尺度

建筑物出入口的轮椅坡道净宽度不应小于 1200mm，坡度不宜大于 1/12，当坡度为 1/12 时，每段坡道的高度不应大于 750mm，水平投影长度不应大于 9000mm。坡道的坡度、坡段高度和水平长度的最大容许值见表 5-2。当长度超过时，需在坡道中部设休息平台，休息平台的深度在坡道直行、转弯时

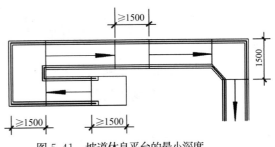

图 5-41 坡道休息平台的最小深度

均不应小于 1500mm，如图 5-41 所示，在坡道的起点和终点处应留有深度不小于 1500mm 的轮椅缓冲区。

2）坡道扶手

坡道两侧宜在 850～900mm 高度处和 650～700mm 高度处设上下层扶手，扶手应安装牢固，扶手的形状要易于抓握。两段坡道之间的扶手应保持连贯性。坡道起点和终点处的扶手，应水平延伸 300mm 以上。坡道侧面凌空时，在栏杆下端处地面宜设高度不小于 50mm 的安全挡台（图5-42）。

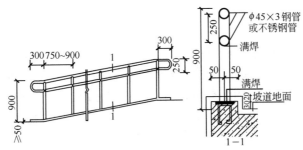

图 5-42 坡道扶手

轮椅坡道高度和水平长度的最大容许值　　　　表 5-2

坡　　　度	1/20	1/16	1/12	1/10	1/8
坡段最大高度（m）	1.20	0.90	0.75	0.60	0.30
坡段水平长度（m）	24.00	14.40	9.00	6.00	2.40

3）坡道地面

坡道地面应平整，面层宜选用防滑材料，构造做法如图 5-43 所示。

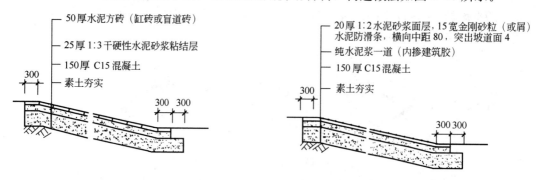

左图标注：
— 50 厚水泥方砖（缸砖或盲道砖）
— 25 厚 1:3 干硬性水泥砂浆粘结层
— 150 厚 C15 混凝土
— 素土夯实
300
300 300

右图标注：
— 20 厚 1:2 水泥砂浆面层，15 宽金刚砂粒（或屑）
  水泥防滑条，横向中距 80，突出坡道面 4
— 纯水泥浆一道（内掺建筑胶）
— 150 厚 C15 混凝土
— 素土夯实
300
300 300

图 5-43　坡道地面构造做法

5.6　电梯与自动扶梯

5.6.1　电梯

1）电梯的类型

（1）按使用性质分

- **客梯**　主要用于人们在建筑物中上下楼层的联系。
- **货梯**　主要用于运送货物及设备。
- **消防电梯**　主要用于在发生火灾、爆炸等紧急情况下消防人员紧急救援使用。

（2）按电梯行驶速度分

- **高速电梯**

速度大于 2m/s，目前，最高速度达到 9m/s 以上。

- **中速电梯**

速度在 1.5～2m/s 之间。

- **低速电梯**

速度在 1.5m/s 及以下。

为缩短电梯等候时间，提高运送能力，需选用恰当的速度。速度选用一般随建筑层数增加和人流量增加而提高，以满足在期望的时间段内运送期望的人流量。低速电梯一般用于速度要求不高的客梯或货梯；中速电梯一般用于层数不多、人流量不大的建筑中的客梯或货梯；高速电梯一般用于层数多、人流量大的建筑中。消防电梯常用高速电梯，并要求在 1min 内从建筑底层到达顶层。

（3）其他分类

可按单台、双台分；按交流电梯、直流电梯分；按轿厢容量分；按升降驱动方式分；按电梯门开启方向分等。

（4）观光电梯

观光电梯是把竖向交通工具和登高流动观景相结合的电梯。电梯从封闭的井道中解脱出来，透明的轿厢使电梯内外景观视线相互流通。

2）电梯的组成

电梯由下列几部分组成：

（1）电梯井道

不同性质的电梯，其井道根据需要有各种不同尺寸，以配合不同的电梯轿厢。井道壁多为钢筋混凝土剪力墙或框架填充墙井壁。

（2）电梯机房

机房和井道的平面相对位置允许机房任意向一个或两个相邻方向伸出，并满足机房有关设备安装的要求。

（3）井道底坑

井道底坑在最底层平面标高以下一般不小于 1.3m，作为轿厢下降时所需的缓冲器的安装空间。

（4）组成电梯的有关部件

- 轿厢，是直接载人或运货的厢体。
- 井壁导轨和导轨支架，是支承、固定轿厢上下升降的轨道。
- 牵引轮及其钢支架、钢丝绳、平衡锤、轿厢开关门、检修起重吊钩等。
- 有关电器部件：交流、直流电动机，控制柜、继电器、选层器、动力照明、电源开关、厅外层数指示灯和厅外上下召唤盒开关等。

3）电梯与建筑物相关部位构造

（1）电梯井道

每个电梯井道平面净空尺寸需根据选用的电梯型号要求决定，一般为（1800～2500）mm×（2100～2600）mm。在医院和住宅中有无障碍设计要求时，需满足容纳担架的电梯井道和轿厢的尺寸。电梯安装导轨支架分预留孔插入式和预埋铁件焊接式，井道壁为钢筋混凝土时，应预留 150mm×150mm×150mm 孔洞，垂直中距 2m，以便安装支架。井道壁为框架填充墙时，框架（圈梁）上应预埋铁中，并与梁中钢筋焊牢。当电梯为两台并列时，中间可不用隔墙而按一定的间隔放置钢筋混凝土梁或型钢过梁，以便安装支架。电梯构造组成如图 5-44 所示。

（2）梯井道底坑

井道底坑深度一般在电梯最底层平面标高下 1300～2000mm，作为轿厢下降到最底层时所需的缓冲器空间。底坑需注意防潮防水，消防电梯的井道底坑还需设置排水装置。

（3）电梯机房

电梯机房除因特殊需要设在井道下部外，一般均设在井道顶板之上。机房平面净空尺寸变化幅度较大，为（1600～6000）mm×（3200～5200）mm，需根据选用的电梯型号要求决定。电梯机房中电梯井道的顶板面需根据电梯型号的不同，高于电梯使用顶层楼面 4000～4800mm。这一要求高度一般与顶层层高不吻合，故通常需使井道顶板部分高于顶层屋面或整个机房地面高于顶层屋面。井道顶板上空至机房顶棚尚需留不低于 2000mm 的空间高度。通向机房的通道和楼梯宽度不小于 1.2m，楼梯坡度不大于 45°。机房楼板应平坦整洁，机房楼板和机房顶板应满足

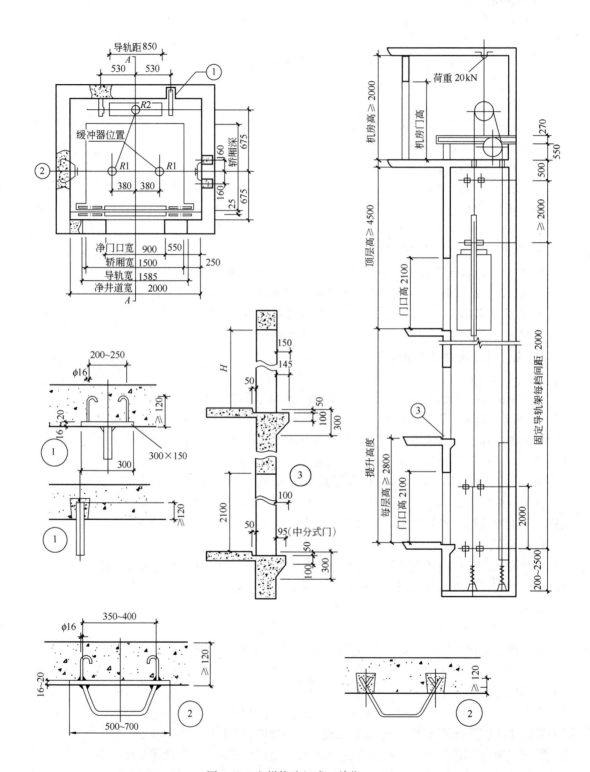

图 5-44　电梯构造组成（单位：mm）

电梯所要求的荷载。机房需有良好的通风、隔热、防寒、防尘、减噪措施。

5.6.2　自动扶梯

自动扶梯是通过机械传动，在一定方向上能大量连续输送人流的装置。其运行原理是采取机电系统技术，由电机、变速器以及安全制动器所组成的推动单元拖动两条环链，而每级踏板都与环链连接，通过轧轮的滚动，踏板便沿主构架中的轨道循环地运转，而在踏板上面的扶手带以相应速度与踏板同步运转（图 5-45）。

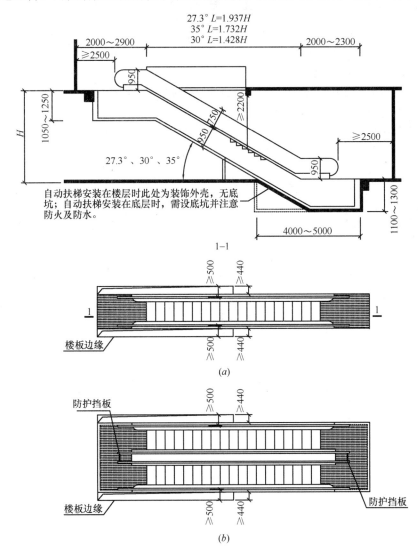

图 5-45　自动扶梯的平面、立面及剖面示意图（单位：mm）
（a）单排扶梯；（b）双排扶梯

自动扶梯可用于室内或室外。用于室内时，运输的垂直高度最低 3m，最高可达 11m 左右；用于室外时，运输的垂直高度最低 3.5m，最高可达 60m 左右。自动扶梯倾角有 27.3°、30°、35°几种角度，常用 30°角度。速度一般为 0.45～0.75m/s，常用速度为 0.5m/s。可正向、逆向运行。自动扶梯的宽度一般有

600、800、1000、1200mm 几种，理论载客量为 4000～10000 人次/h。

自动扶梯作为整体性设备与土建配合需注意：其上下端支承点在楼盖处的平面空间尺寸关系；楼层梁板与梯段上人流通行安全的关系；还需满足支承点的荷载要求；自动扶梯使上下楼层空间连续为一体，当防火分区面积超过规范限定时，需进行特殊处理。

复 习 思 考 题

1. 楼梯由哪些部分所组成？各组成部分的作用及要求？
2. 常见的楼梯形式和使用范围？
3. 确定梯段和平台宽度的依据？
4. 楼梯坡度如何确定？踏步高与踏步宽和行人步距的关系？
5. 楼梯间的开间、进深应如何确定？
6. 当底层平台下作出入口时，为保证净高，常采取哪些措施？
7. 钢筋混凝土楼梯常见的结构形式和特点？
8. 预制装配式楼梯的构造形式？
9. 楼梯扶手、栏杆与踏步的构造要求？
10. 台阶与坡道的构造要求？
11. 电梯、自动扶梯的构造设计特点及要求？

第 6 章
屋　顶

Chapter 6

Roof Structure

6.1 屋顶的形式及设计要求

屋顶是建筑最上部的围护结构，应满足相应的使用功能要求，为建筑提供适宜的内部空间环境。屋顶也是建筑顶部的承重结构，受到材料、结构、施工条件等因素的制约。屋顶又是建筑体量的一部分，其形式对建筑物的造型有很大影响，因而设计中还应注意屋顶的美观问题。在满足其他设计要求的同时，力求创造出适合各种类型建筑的屋顶。

6.1.1 屋顶的形式

按所使用的材料，屋顶可分为钢筋混凝土屋顶、瓦屋顶、金属板屋顶、玻璃采光顶等；按屋顶的外形和结构形式，又可以分为平屋顶、坡屋顶、悬索屋顶、薄壳屋顶、拱屋顶、折板屋顶等形式的屋顶。

1）平屋顶

大量性民用建筑一般采用与楼盖基本雷同的屋顶结构，就形成了平屋顶。平屋顶易于协调统一建筑与结构的关系，较为经济合理，并可供多种利用，如设屋顶花园、屋顶游泳池等（图 6-1），因而是广泛采用的一种屋顶形式。

  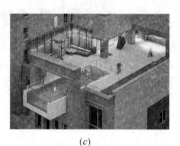

(*a*)　　　　　　　　(*b*)　　　　　　　　(*c*)

图 6-1　平屋顶
(*a*)、(*b*) 屋顶花园；(*c*) 屋顶游泳池

平屋顶也应有一定的排水坡度，其排水坡度根据屋顶类型的不同有不同取值，最常用的排水坡度为 2%～3%。

2）坡屋顶

坡屋顶是我国的传统屋顶形式，广泛应用于民居等建筑。现代的某些公共建筑在考虑景观环境或建筑风格的要求时也常采用坡屋顶。

坡屋顶的常见形式有：单坡、双坡屋顶，硬山及悬山屋顶，四坡歇山及庑殿屋顶，圆形或多角形攒尖屋顶等，如图 6-2 所示。

3）其他形式的屋顶

民用建筑通常采用平屋顶或坡屋顶，有时也采用曲面或折面等其他形状特殊的屋顶，如拱屋顶、折板屋顶、薄壳屋顶、桁架屋顶、悬索屋顶、网架屋顶等，如图 6-3 所示。

这些屋顶的结构形式独特，其传力系统、材料性能、施工及结构技术等都有

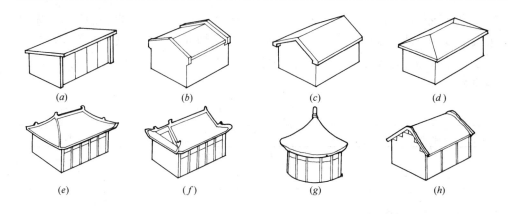

图 6-2　坡屋顶

（a）单坡；（b）硬山；（c）悬山；（d）四坡；（e）庑殿；（f）歇山；（g）攒尖；（h）卷棚

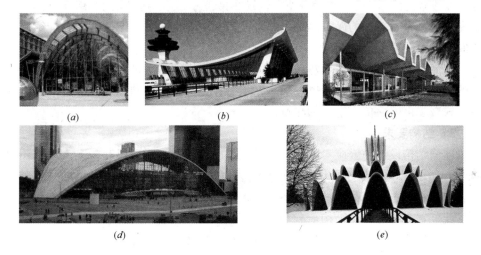

图 6-3　其他形式的屋顶实例

（a）拱屋顶；（b）悬索屋顶；（c）折板屋顶；（d）、（e）薄壳屋顶

一系列的理论和规范，再通过结构设计形成结构覆盖空间。建筑设计应在此基础上进行艺术处理，以创造出新型的建筑形式。

6.1.2　屋面的设计要求

屋面是屋顶上部防水、保温隔热等构造层的总称。屋面设计应考虑其防水、保温隔热、结构、建筑艺术等方面的要求。

1）防水要求

作为建筑最上部的外围护结构，屋面应具有良好的排水功能和阻止水侵入建筑物内的作用。防水则是利用防水材料的致密性、憎水性构成一道封闭的防线，隔绝水的渗透。

屋面的防水是一项综合性技术，它涉及建筑及结构的形式、防水材料、屋面坡度、屋面构造处理等问题，需综合加以考虑。设计中应遵循"合理设防、防排结合、因地制宜、综合治理"的原则。

我国现行的《屋面工程技术规程》GB 50345—2012 根据建筑物的类别、重要程度、使用功能要求确定防水等级，将屋面防水划分为两个等级，并按相应等级进行防水设防，详见表 6-1。此外，对防水有特殊要求的建筑屋面，还应进行专项防水设计。

屋面防水等级和设防要求 表 6-1

防水等级	建筑类别	设防要求
I 级	重要建筑和高层建筑	两道防水设防
II 级	一般建筑	一道防水设防

2）保温隔热要求

屋面还应能抵御气温变化的影响，即冬季保温减少建筑物的热损失和防止结露，夏季隔热降低建筑物对太阳能辐射热的吸收。我国地域辽阔，南北气候相差悬殊，通过采取适当的保温隔热措施，使屋面具有良好的热工性能，以便给顶层房间提供更舒适的室内环境，节约建筑能耗。

屋面的保温通常采用导热系数小的材料，阻止室内热量由屋面流向室外。屋面的隔热则通常采用设置通风间层、蓄水、种植等方法，利用通风、遮阳、蒸发等方式减少由屋面传入室内的热量。

3）结构要求

屋面结构设计一般应考虑其自重及风、雨、雪、施工等荷载，上人屋面还要承受人和设备等荷载。因此，屋面作为建筑的承重构件，应具有足够的强度和刚度，保证在风、雪等荷载作用下不产生破坏。

此外，为了防止在结构荷载和变形荷载作用下引起屋面防水主体的开裂、渗水，屋面还应具有适应主体结构受力变形和温差变形的能力。

4）建筑艺术要求

屋面是建筑外部形体的重要组成部分。其形式对建筑物的性格特征具有很大的影响。屋面设计还应满足建筑艺术的要求。

中国古典建筑的坡屋面造型优美，具有浓郁的民族风格，如图 6-4 所示。如天安门城楼采用重檐歇山屋顶和金黄色的琉璃瓦屋面，使建筑物显得灿烂辉煌。新中国成立后，我国修建的不少著名建筑，也采用了中国古建筑屋顶的某些手法，取得了良好的建筑艺术效果。如北京民族文化宫塔楼为四角重檐攒尖屋顶，配以孔雀蓝琉璃瓦屋面，其民族特色分外鲜明。又如毛主席纪念堂，虽采用的是平屋面，但在檐口部分采用了两圈金黄色琉璃瓦，与天安门广场上的建筑群取得了协调统一。国外也有很多著名建筑，由于重视了屋面的建筑艺术处理而使建筑各具特色。

5）其他要求

除了上述方面的要求外，日新月异的建筑技术发展还对屋面提出了更多的要求。如利用屋面或露台进行园林绿化设计，不仅拓展了建筑的使用空间，提高了屋面的保温隔热性能，还改善了建筑周边的生态环境，取得了很好的综合效益；又如现代超高层建筑在屋顶上设置直升机停机坪等设施来满足和提高建筑的消防扑救和

图 6-4　坡屋顶的传统样式和当代借鉴

（a）天安门；（b）毛主席纪念堂；（c）北京民族文化宫

安全疏散能力；再如某些大面积玻璃幕墙的建筑需要在屋顶设置擦窗机设备及轨道；某些薄膜结构的屋面需要采用隔声减振措施来避免雨水滴在屋面上所产生的噪声影响；北方许多新建"节能型"居住建筑要求利用屋面安装太阳能集热器等。

因此，在屋面设计时应充分考虑各方面的要求，协调好与屋面基本要求之间的关系，从而设计出更合理的屋面形式，最大限度地发挥其综合效益。

6.2　屋面排水设计

"防排结合"是屋面设计的一条基本原则。屋面排水利用水向下流的特性，不使水在防水层上积滞，尽快排除。它减轻了屋面防水层的负担，减少了屋面渗漏的可能。为了迅速排除屋面雨水，需进行周密的排水设计，其内容包括：选择屋面排水坡度，确定排水方式，屋面排水组织设计。

6.2.1　屋面排水坡度

1）排水坡度的表示方法

常用的排水坡度表示方法有角度法、斜率法和百分比法，见图 6-5。斜率法以屋面倾斜面的垂直投影长度与水平投影长度之比来表示；百分比法以屋面倾斜面的垂直投影长度与水平投影长度之比的百分比值来表示；角度法以屋面倾斜面与水平面所成夹角的大小来表示。

2）排水坡度的影响因素

（1）防水材料尺寸大小的影响

防水材料的尺寸小，接缝必然较多，容易产生缝隙渗漏，因而屋面应有较大的排水坡度，以便将屋面积水迅速排除。坡屋面的防水材料多为瓦材，如小青

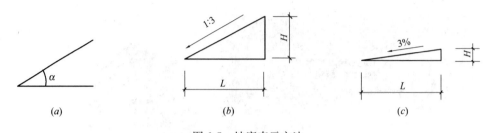

图 6-5　坡度表示方法

(*a*) 角度法；(*b*) 斜率法；(*c*) 百分比法

瓦、平瓦、琉璃筒瓦等，覆盖面积较小，应采用较大的坡度，一般为 1∶2～1∶3。如果防水材料的覆盖面积大，接缝少而且严密，使防水层形成一个封闭的整体，屋面的坡度就可以小一些。平屋面的防水材料多为各种卷材、涂膜等，故其排水坡度通常较小。

（2）年降水量的影响

降水量的大小对屋面防水的影响很大。降水量大，屋面渗漏的可能性较大，屋面坡度就应适当加大。反之，屋面排水坡度则可小一些。

（3）其他因素的影响

屋面的排水坡度还受到其他一些因素的影响，如屋面排水的路线较长，屋面有上人活动的要求，屋面蓄水等，屋面的坡度可适当小一些，反之则可以取较大的排水坡度。

3）屋面排水坡度的形成

屋面排水坡度的形成有材料找坡和结构找坡两种做法，如图 6-6 所示。

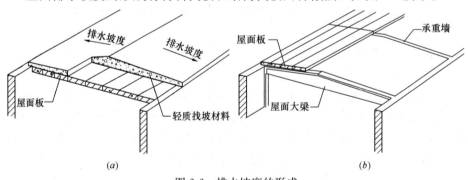

图 6-6　排水坡度的形成

(*a*) 材料找坡；(*b*) 结构找坡

（1）材料找坡

材料找坡是指屋面坡度由垫坡材料形成，一般用于坡向长度较小的屋面。为了减小屋面荷载，宜采用质量轻、吸水率低和有一定强度的材料（如水泥炉渣、陶粒混凝土等）或保温层找坡，坡度宜为 2%。通常找坡层最薄处的厚度不宜小于 20mm。

（2）结构找坡

结构找坡是屋顶结构自身带有的排水坡度，例如在上表面倾斜的屋架或屋面梁上安放屋面板，屋顶表面即呈倾斜坡面。又如在顶面倾斜的山墙上搁置屋面板时，也形成结构找坡。单坡跨度较大的混凝土结构屋面宜采用结构找坡，坡度不应小于3‰（图6-7）。

图6-7 结构找坡

材料找坡的屋面板可以水平放置，顶棚面平整，但材料找坡增加屋面荷载，材料和人工消耗较多；结构找坡无需在屋面上另加找坡材料，构造简单，不增加荷载，但棚顶倾斜，室内空间不够规整。这两种方法在工程实践中均有广泛的运用。

6.2.2 屋面排水方式

1）排水方式的类型

屋盖排水方式分为无组织排水和有组织排水两类。

（1）无组织排水

无组织排水又称自由落水，是指屋面雨水直接从檐口滴落至地面的一种排水方式（图6-8）。自由落水构造简单，造价低廉，但自由下落的雨水会溅湿墙面。这种方法适用于低层建筑或檐高小于10m的屋面，对于屋面汇水面积较大的多跨建筑或高层建筑都不应采用。

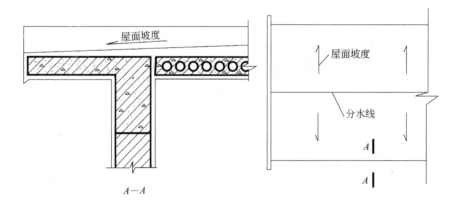

图6-8 无组织排水

（2）有组织排水

有组织排水是指屋面雨水有组织地流经天沟、檐沟、水落口、水落管等排水装置，系统地将屋面雨水排至地面或地下管沟的一种排水方式。其优缺点与无组织排水正好相反，由于优点较多，在建筑工程中得到广泛应用。在有条件的情况下，宜采用雨水收集系统。

2）有组织排水常用方案

在工程实践中，由于具体条件的不同，有多种有组织排水方案，现按内排水、外排水、内外排水三种情况归纳成几种不同的排水方案，如图 6-9 所示。

（1）外排水

外排水是指屋面雨水通过檐沟、水落口由设置于建筑外部的水落管直接排到室外地面上的一种排水方案。其优点是构造简单，水落管不进入室内，不影响室内空间的使用和美观。外排水方案可以归纳为以下几种：

① 挑檐沟外排水

屋面雨水汇集到悬挑在墙外的檐沟内，再由水落管排下，如图 6-9（a）所示。此种方案排水通畅，设计时挑檐沟的高度可视建筑体型而定。

② 女儿墙外排水

当由于建筑造型所需不出现挑檐时，通常将外墙升起封住屋面，高于屋面的这部分外墙称为女儿墙。此方案的特点是屋面雨水需穿过女儿墙流入室外的水落管，如 6-9（b）所示。

③ 女儿墙挑檐沟外排水

图 6-9（c）为女儿墙挑檐沟外排水，其特点是在屋檐部位既有女儿墙，又有挑檐沟。蓄水屋面常采用这种形式，利用挑檐沟汇集从蓄水池中溢出的多余雨水。

④ 暗管外排水

明装水落管对建筑立面的美观有所影响，故在一些重要的公共建筑中，常采用暗装水落管的方式，将水落管隐藏在假柱或空心墙中，如图 6-9（d）所示。假柱可处理成建筑立面上的竖向线条。

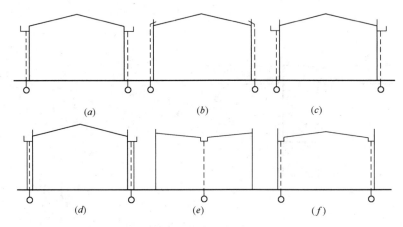

图 6-9　有组织排水常用方案

（a）挑檐沟外排水；（b）女儿墙外排水；（c）女儿墙挑檐沟外排水；
（d）暗管外排水；（e）、（f）天沟内排水

（2）内排水

内排水是指屋面雨水通过天沟由设置于建筑内部的水落管排入地下雨水管网的一种排水方案，如图 6-9（e）、（f）。其优点是维修方便，不破坏建筑立面造

型，不易受冬季室外低温的影响，但其水落管在室内接头多，构造复杂，易渗漏，主要用于不易采用外排水的建筑屋面，如高层及多跨建筑等。

此外，还可以根据具体条件，采用内外排水相结合的方式。如多跨厂房因相邻两坡屋面相交，故只能采用天沟内排水的方式排除屋面雨水。而位于两端的天沟则应宜采用外排水的方式将屋面雨水排出。

3）排水方式的选择

屋面排水方式的选择，应根据建筑物屋面形式、气候条件、使用功能、质量等级等因素确定。一般可遵循下述原则进行选择：

（1）中小型的低层建筑及檐高小于 10m 的屋面，可采用无组织排水。

（2）积灰多的屋面应采用无组织排水。如铸工车间、炼钢车间这类工业厂房在生产过程中散发大量粉尘积于屋面，下雨时被冲进天沟易造成管道堵塞，故这类屋面不宜采用有组织排水。

（3）有腐蚀性介质的工业建筑也不宜采用有组织排水。如铜冶炼车间、某些化工厂房等，生产过程中散发的大量腐蚀性介质会使铸铁水落装置等遭受侵蚀，故这类厂房也不宜采用有组织排水。

（4）除严寒和寒冷地区外，多层建筑屋面宜采用有组织外排水。

（5）高层建筑屋面宜采用有组织内排水，便于排水系统的安装维护和建筑外立面的美观。

（6）多跨及汇水面积较大的屋面宜采用天沟内排水，天沟找坡较长时，宜采用中间内排水和两端外排水。

（7）暴雨强度较大地区的大型屋面，宜采用虹吸式有组织排水系统。

（8）湿陷性黄土地区宜采用有组织排水，并应将雨雪水直接排至排水管网。

6.2.3 屋面排水组织设计

排水组织设计就是根据屋面形式及使用功能要求，确定屋面的排水方式及排水坡度，明确是采用有组织排水还是无组织排水。如采用有组织排水设计时，要根据所在地区的气候条件、雨水流量、暴雨强度、降雨历时及排水分区，确定屋面排水走向；通过计算确定屋面檐沟、天沟所需要的宽度和深度，并合理地确定水落口和水落管的规格、数量和位置，最后将它们标绘在屋顶平面图上。

在进行屋面有组织排水设计时，除了应符合现行国家标准《建筑给水排水设计标准》GB 50015 的有关规定外，还需注意下述事项：

1）划分排水区域

在屋面排水组织设计时，首先应根据屋面形式、屋面面积、屋面高低层的设置等情况，将屋面划分成若干排水区域，根据排水区域确定屋面排水线路，排水线路的设置应在确保屋面排水通畅的前提下，做到长度合理。

2）确定排水坡面的数目及排水坡度

屋面流水线路不宜过长，因而对于屋面宽度较小的建筑可采用单坡排水；但屋面宽度较大，如 12m 以上时宜采用双坡排水，见图 6-10。坡屋面则应结合其造型要求，选择单坡、双坡或四坡排水。

对于普通的平屋面，采用结构找坡时其排水坡度通常不应小于 3%，而采用材料找坡时其坡度则宜为 2%。而对于其他类型的屋面则根据类别确定合理的排水坡度，如蓄水隔热屋面的排水坡度不宜大于 0.5%，架空隔热屋面的排水坡度不宜大于 5%。

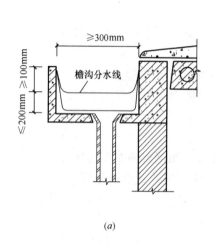 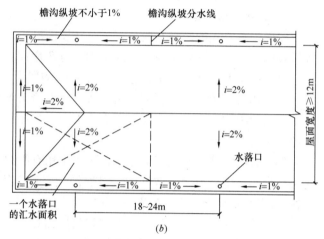

图 6-10　有组织排水设计
（*a*）檐沟断面；（*b*）屋顶排水设计平面图

3）确定檐沟、天沟断面尺寸及纵向坡度

檐沟、天沟的功能是汇集和迅速排除屋面雨水，故其断面大小应恰当，沟底沿长度方向应设纵向排水坡度。

檐沟、天沟的过水断面，应根据屋面汇水面积的雨水流量经计算确定。当采用重力式排水时，通常每个水落口的汇水面积宜为 150～200m²。为了便于屋面排水和防水层的施工，钢筋混凝土檐沟、天沟的净宽不应小于 300mm；分水线处最小深度不应小于 100mm，如深度过小，则雨水易由天沟边溢出，导致屋面渗漏；同时，为了避免排水线路过长，沟底水落差不得超过 200mm，见图 6-10（*a*）。

为了避免沟底凹凸不平或倒坡，造成沟中排水不畅或积水，对于采用材料找坡的钢筋混凝土檐沟、天沟内的纵向坡度不应小于 1%；而对于采用结构找坡的金属檐沟、天沟内的纵向坡度宜为 0.5%。

4）水落管的规格及间距

水落管根据材料分为铸铁、塑料、镀锌铁皮、钢管等多种，根据建筑物的耐久等级加以选择。最常采用的是塑料和铸铁水落管，其管径有 75mm、100mm、125mm、150mm、200mm 等规格，具体管径大小需经过计算确定。水落管的数量与水落口相等，水落管的最大间距应同时予以控制。水落管的间距过大，会导致沟内排水路线过长，大雨时雨水易溢向屋面引起渗漏或从檐沟外侧涌出，因而一般情况下水落口间距不宜超过 24m，每个汇水面积内，排水立管不宜少于 2 根。

考虑上述各事项后，即可较为顺利地绘制屋顶平面图。图 6-10（*b*）为屋顶平面图示例，该屋顶采用双坡排水、檐沟外排水方案，排水分区为交叉虚线所示范围，该范围也是每个水落口和水落管所担负的排水面积。天沟的纵坡坡度为1‰，箭头指示沟内的水流方向，两个水落管的间距宜控制在18~24m，分水线位于天沟纵坡的最高处，距沟底的距离可根据坡度的大小算出，并可在檐沟剖面图中反映出来。

6.3 卷材防水屋面

卷材防水屋面是用防水卷材与胶粘剂结合在一起的，形成连续致密的构造层，从而达到防水的目的。按材料的类型，目前常见的有高聚物改性沥青类防水卷材屋面和高分子类卷材防水屋面。卷材防水屋面由于防水层具有一定的延伸性和适应变形的能力，故又被称为柔性防水屋面。

卷材防水屋面较能适应温度、振动、不均匀沉陷因素的变化作用，能承受一定的水压，整体性好，不易渗漏。严格遵守施工操作规程时，能保证防水质量，但施工操作较为复杂，技术要求较高。

卷材防水屋面适用于防水等级为Ⅰ、Ⅱ级的屋面防水。

6.3.1 卷材防水屋面的材料

1) 卷材

（1）高聚物改性沥青类防水卷材

高聚物改性沥青防水卷材是以高分子聚合物改性沥青为涂盖层，聚酯毡、玻纤毡或聚酯玻纤复合材料为胎基，细砂、矿物粉料和塑料膜为隔离材料，制成的防水卷材厚度一般为3mm、4mm、5mm，以沥青基为主体，如弹性体改性沥青防水卷材（即SBS）、塑性体改性沥青防水卷材（即APP）、改性沥青聚乙烯胎防水卷材（即PEE）、丁苯橡胶改性沥青卷材等。

（2）合成高分子类卷材

凡以各种合成橡胶、合成树脂或两者共混为基料，加入适量的助剂和填料，经混炼、压延或挤出等工序加工而成的防水卷材，均称为合成高分子防水卷材。常见的有三元乙丙橡胶防水卷材、氯化聚乙烯防水卷材、聚氯乙烯防水卷材、氯丁橡胶防水卷材、聚乙烯橡胶防水卷材、丙烯酸树脂卷材等。

合成高分子防水卷材具有重量轻（$2kg/m^2$）、使用温度范围宽（-20~80℃）、耐候性能好，抗拉强度高（2~18.2MPa），延伸率大等特点，近年来已逐渐在国内的各种防水工程中得到推广应用。

2) 卷材胶粘剂

用于高聚物改性沥青防水卷材和合成高分子防水卷材的胶粘剂主要为各种与卷材配套使用的溶剂型胶粘剂，如适用于改性沥青类卷材的RA-86型氯丁胶胶粘剂、SBS改性沥青胶粘剂等；三元乙丙橡胶防水卷材屋面的基层处理剂有聚氨酯底胶，胶粘剂有氯丁橡胶为主体的CX-404胶；氯化聚乙烯橡胶卷材的胶粘剂有LYX-603等。

6.3.2 卷材防水屋面构造

1）构造组成

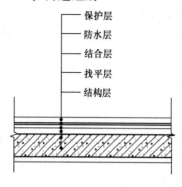

图6-11 卷材防水屋面
的基本构造层次

卷材防水屋面具有多层次构造的特点，其构造组成分为基本层次和辅助层次。

（1）基本构造层次

卷材防水屋面的基本构造层次按其作用分为结构层、找平层、结合层、防水层、保护层，如图6-11所示。

① 结构层：多为钢筋混凝土屋面板，可以是现浇板，也可以是预制板。

② 找平层：卷材防水层要求铺贴在坚固而平整的基层上，以防止卷材凹陷或断裂。因而在松软材料及预制屋面板上铺设卷材以前，都应先做找平层。找平层的厚度和技术要求应符合表6-2的规定。

找平层厚度和技术要求 表6-2

找平层分类	适用的基层	厚度（mm）	技术要求
水泥砂浆	整体现浇混凝土板	15～20	1：2.5 水泥砂浆
	整体材料保温层	20～25	
细石混凝土	装配式混凝土板	30～35	C20 混凝土，宜加钢筋网片
	板状材料保温层		C20 混凝土

为防止保温层上的找平层变形开裂而波及卷材防水层，宜在找平层中留设分格缝。分格缝的宽度一般为5～20mm，纵横间距不宜大于6m，屋面板为预制装配式时，分格缝应设在预制板的端缝处。分格缝宜设置附加卷材，用粘结剂单边点贴，其空铺宽度不宜小于100mm。如图6-12所示，以使分格缝处的卷材有较大的伸缩余地，避免开裂。

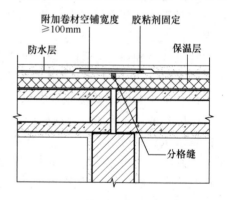

图6-12 卷材防水屋面分格缝构造

③ 结合层：结合层的作用是在基层与卷材胶粘剂间形成一层胶质薄膜，使卷材与基层粘结牢固。高聚物改性沥青类卷材和高分子卷材通常采用配套的卷材胶粘剂和基层处理剂作结合层。

④ 防水层

高聚物改性沥青防水层：高聚物改性沥青防水卷材的铺贴做法有冷粘法和热熔法两种，冷粘法是用胶粘剂将卷材粘结在找平层上，或利用某些卷材的自粘性进行铺贴。铺贴卷材时注意平整顺直，搭接尺寸准确，不扭曲，应排除卷材下面的空气并辊压粘结牢固。热熔法施工时，用火焰加热器将卷材均匀加热至表面光亮发黑，然后立即滚铺卷材使之平展，并辊压密实。

合成高分子卷材防水层（以三元乙丙卷材防水层为例）：先在找平层（基层）上涂刮基层处理剂（如 CX-404 胶等），要求薄而均匀，干燥不黏后即可铺贴卷材。

卷材一般应由屋面最低标高处向上铺贴，并按水流方向搭接；卷材可垂直或平行于屋脊方向铺贴。卷材铺贴时要求保持自然松弛状态，不能拉得过紧。卷材接缝根据不同的搭接方法应有 50～100mm 的搭接密度，铺好后立即用工具辊压密实，搭接部位用胶粘剂均匀涂刷粘合。

在防水卷材的厚度选用上，需要根据屋面的防水等级、防水卷材的类型来确定，每道卷材防水层的厚度选用应符合表 6-3 的规定。

<table>
<tr><td colspan="7" align="center">每道卷材防水层最小厚度　　　　　　　　表 6-3</td></tr>
<tr><td rowspan="2">防水等级</td><td rowspan="2">设防要求</td><td rowspan="2">合成高分子
防水卷材</td><td colspan="4">高聚物改性沥青防水卷材</td></tr>
<tr><td>聚酯胎、玻纤胎、聚乙烯胎</td><td>自粘聚酯胎</td><td>自粘无胎</td></tr>
<tr><td>Ⅰ级</td><td>二道防水设防</td><td>1.2mm</td><td>3mm</td><td>2mm</td><td>1.5mm</td></tr>
<tr><td>Ⅱ级</td><td>一道防水设防</td><td>1.5mm</td><td>4mm</td><td>3mm</td><td>2.0mm</td></tr>
</table>

⑤ 保护层：设置保护层的目的是保护防水层，使卷材在阳光和大气的作用下不致迅速老化，同时保护层还可以防止沥青类卷材中的沥青过热流淌，并防止暴雨对沥青的冲刷。保护层的构造做法应视屋面的利用情况而定。

不上人时，改性沥青卷材防水屋面一般在防水层上撒不透明的矿物粒料或铺设铝箔作为保护层；高分子卷材如三元乙丙橡胶防水屋面等通常是在卷材面上涂刷水溶型或溶剂型浅色涂料或水泥砂浆等，如图 6-13 所示。

上人屋面的保护层有着双重作用，既保护防水层又是屋面面层，因而要求保护层平整、耐磨。做法通常是在防水层上先铺设 10 厚低强度等级砂浆隔离层，其上再用现浇 40mm 厚 C20 细石混凝土或用 20 厚聚合物砂浆铺贴缸

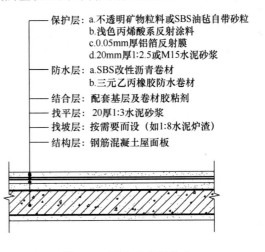

保护层：a.不透明矿物粒料或SBS油毡自带砂粒
　　　　b.浅色丙烯酸系反射涂料
　　　　c.0.05mm厚铝箔反射膜
　　　　d.20mm厚1:2.5或M15水泥砂浆
防水层：a.SBS改性沥青卷材
　　　　b.三元乙丙橡胶防水卷材
结合层：配套基层及卷材胶粘剂
找平层：20厚1:3水泥砂浆
找坡层：按需要而设（如1:8水泥炉渣）
结构层：钢筋混凝土屋面板

图 6-13 不上人卷材防水
屋面保护层做法

砖、大阶砖、混凝土板等块材。块材保护层或整体保护层均应设分隔缝，位置是：屋顶坡面的转折处，屋面与凸出屋面的女儿墙、烟囱等的交接处。保护层分隔缝应尽量与找平层分隔缝错开，缝内用油膏嵌封。上人屋面用作屋顶花园时，水池、花台等构造均在屋面保护层上设置。

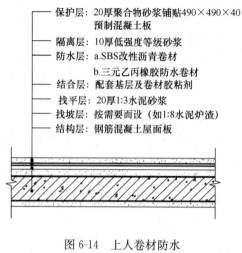

保护层：20厚聚合物砂浆铺贴490×490×40预制混凝土板
隔离层：10厚低强度等级砂浆
防水层：a.SBS改性沥青卷材
　　　　b.三元乙丙橡胶防水卷材
结合层：配套基层及卷材胶粘剂
找平层：20厚1:3水泥砂浆
找坡层：按需要而设（如1:8水泥炉渣）
结构层：钢筋混凝土屋面板

图 6-14　上人卷材防水
屋面保护层做法

上人屋面保护层的做法参见图6-14所示。

（2）辅助构造层次

辅助构造层次是为了满足房屋的使用要求，或提高屋面性能而补充设置的构造层，如保温层、隔热层、隔汽层、找坡层、隔离层等。

其中，找坡层是采用找坡屋面，为形成所需排水坡度而设；保温层是为防止夏季或冬季气候使建筑顶部室内过热或过冷而设；隔汽层是为防止潮气侵入屋面保温层，使其保温功能失效而设；隔离层是为消除相邻两种材料之间粘结力、机械咬合力、化学反应等不利影响而设，等等。有关的构造详情将结合后面的内容作具体介绍。

2）细部构造

卷材防水层是一个封闭的整体，如果在屋面开设孔洞，有管道出屋面，或屋面边缘封闭不牢，都可能破坏卷材屋面的整体性，形成防水的薄弱环节而造成渗漏。因此，必须对这些细部加强防水处理。

（1）泛水构造

泛水是指屋面与垂直面相交处的防水处理。女儿墙、山墙、烟囱、变形缝等壁面与屋面相交部位，均需作泛水处理，防止交接缝出现漏水现象。泛水的构造要点及做法为：

• 先在垂直壁面与屋面的相交部位增设一层卷材附加层，再将屋面的卷材继续铺至垂直面上，形成卷材泛水，泛水高度不小于250mm。

• 在屋面与垂直面的交接缝处，卷材下的砂浆找平层应按卷材类型抹成半径20～50mm的圆弧形，且整齐平顺，上刷卷材胶粘剂，使卷材铺贴密实，避免卷材架空或折断。

• 做好泛水上口的卷材收头固定，防止卷材在垂直面上下滑。一般做法是：卷材收头直接铺至女儿墙压顶下，用压条钉压固定并用密封材料封闭严密，压顶应作防水处理，如图 6-15（a）所示；也可在垂直墙中凿出通长凹槽，将卷材收头压入凹槽内，用防水压条钉压后再用密封材料嵌填封严，外抹水泥砂浆保护。凹槽上部的墙体亦应做防水处理，如图 6-15（b）所示；墙体为混凝土时，卷材收头可采用金属压条钉压，并用密封材料封固，如图 6-15（c）所示。

（2）挑檐口构造

挑檐口按排水形式分为无组织排水和檐沟外排水两种。其防水构造的要点是做好卷材的收头，使屋面四周的卷材封闭，避免雨水渗入。

无组织排水挑檐口的做法及构造要点是：在屋面檐口 800mm 范围内的卷材

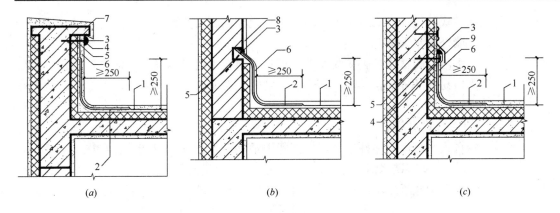

图 6-15 卷材防水屋面泛水构造（单位：mm）

1—防水层；2—附加层；3—密封材料；4—金属压条；5—水泥钉；6—保护层；

7—压顶；8—防水处理；9—金属盖板

应满粘，卷材收头应采用金属压条钉压，并应用密封材料封严。檐口下端应做鹰嘴和滴水槽，如图 6-16 所示。

有组织排水挑檐口常常将檐沟布置在出挑部位，现浇钢筋混凝土檐沟板可与圈梁连成整体，如图 6-17 所示。预制檐沟板则须搁置在钢筋混凝土屋架挑牛腿上。其挑檐沟构造的要点是：

① 檐沟的防水层下应增设附加层，附加层伸入屋面的宽度不应小于 250mm；

② 檐沟防水层和附加层应由沟底翻上至外侧顶部，卷材收头应用金属压条钉压，并应用密封材料封严；

③ 檐沟内转角部位的找平层应抹成圆弧形，以防卷材断裂；

④ 檐沟外侧下端应做鹰嘴和滴水槽；

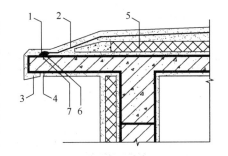

图 6-16 无组织排水挑檐口防水构造

1—密封材料；2—防水层；3—鹰嘴；4—滴水槽；

5—保温层；6—金属压条；7—水泥钉

⑤ 檐沟外侧高于屋面结构板时，应设置溢水口。

（3）水落口构造

水落口是用来将屋面雨水排至水落管而在檐口或檐沟开设的洞口。构造上要求排水通畅，不易渗漏和堵塞。有组织外排水最常用的有檐沟及女儿墙水落口两种构造形式。有组织内排水的水落口设在天沟上，其构造与外檐沟相同。

水落口通常为定型产品，分为直

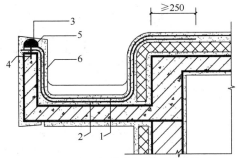

图 6-17 有组织排水挑檐口泛水构造

（单位：mm）

1—防水层；2—附加层；3—密封材料；4—水泥钉；

5—金属压条；6—保护层

式和横式两类，直式适用于中间天沟，挑檐沟和女儿墙内排水天沟，横式适用于女儿墙外排水天沟。

水落口的材质过去多为铸铁，近年来塑料水落口越来越多地得到运用。金属水落口易锈不美观，但管壁较厚，强度较高；塑料水落口质轻、不锈，色彩多样。

① 直式水落口

直式水落口有多种型号，根据降雨量和汇水面积加以选择。如图 6-18 所示，常用的 65 型铸铁水落口主要短管、环形筒、导流槽和顶盖组成。短管呈漏斗形，安装在天沟底板或屋面板上，水落口周围半径 250mm 范围内坡度不应小于 5%，防水层下应增设涂膜附加层；防水层和附加层伸入水落口杯内不应小于 50mm，并应粘结牢固。环形筒与导流槽的接缝需由密封材料嵌封。顶盖底座有放射状格片，用以加速水流和遮挡杂物。

② 横式水落口

横式水落口呈 90° 弯曲状，由弯曲套管和铁箅两部分组成。弯曲套管置于女儿墙预留孔洞中，屋面防水层及泛水的卷材应铺贴到套管内壁四周，铺入深度不应小于 50mm，套管口用铸铁箅遮盖，以防污物堵塞水口。构造做法如图 6-19 所示。

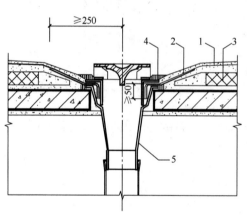

图 6-18　直式水落口构造
1—防水层；2—附加层；3—保温层；
4—密封材料；5—水落斗

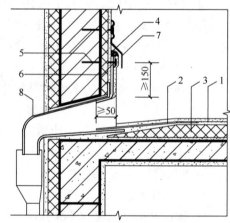

图 6-19　横式水落口构造
1—防水层；2—附加层；3—保温层；4—密封材料；5—水泥钉；6—金属压条；7—金属盖板；8—水落斗

（4）屋面变形缝构造

屋面变形缝的构造处理原则是既要保证屋面有自由变形的可能，又能防止雨水经由变形缝渗入室内。

屋面变形缝按建筑设计可设于同层等高屋面上，也可设在高低屋面的交接处。

等高屋面的变形缝的做法是：在缝两边的屋面板上砌筑或现浇矮墙，在防水层下增设附加层，附加层在平面和立面的宽度不应小于 250mm，且铺贴至泛水墙的顶部；变形缝内应预填不燃保温材料，上部应采用防水卷材封盖，并放置衬垫材料，再在其上干铺一层卷材。变形缝顶部宜加扣镀锌铁皮盖板，或采用混凝土盖板压顶，如图 6-20 所示。

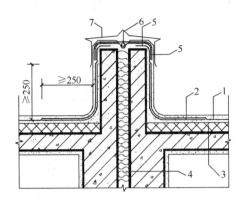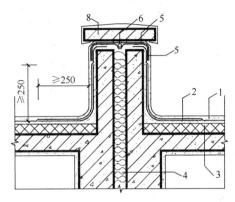

图 6-20 等高屋面变形缝构造（单位：mm）

1—防水层；2—附加层；3—保温层；4—不燃保温材料；5—卷材盖缝；

6—衬垫材料；7—金属盖板；8—混凝土盖板

高低屋面的变形缝则是在低侧屋面板上砌筑或现浇矮墙。当变形缝宽度较小时，可用镀锌薄钢板盖缝并固定在高侧墙上，做法同泛水构造，也可从高侧墙上悬挑钢筋混凝土板盖缝，如图 6-21 所示。

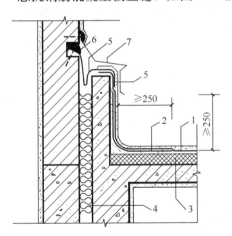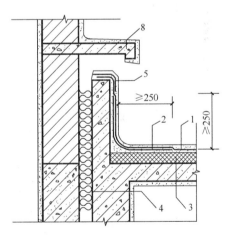

图 6-21 高低屋面变形缝构造（单位：mm）

1—防水层；2—附加层；3—保温层；4—不燃保温材料；5—卷材盖缝；

6—密封材料；7—金属盖板；8—混凝土盖板

（5）屋面检修孔、屋面出入口构造

不上人屋面需设屋面检修孔，检修孔四周的孔壁可用砖立砌，也可在现浇屋面板时将混凝土上翻制成，在防水层下增设附加层，附加层在平面和立面的宽度不应小于 250mm，防水层收头应在混凝土压顶圈下，如图 6-22 所示。

出屋面的梯间一般需设屋面出入口，最好在设计中让楼梯间的室内地坪与屋面间留有足够的高差，以利防水，否则需在出入口处设门槛挡水。屋面出入口处的构造与泛水构造类同，参见图 6-23 所示。

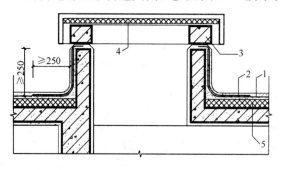

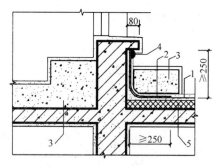

图 6-22 屋面检修口构造
1—防水层；2—附加层；3—混凝土压顶圈；
4—上人孔盖；5—保温层

图 6-23 屋面出入口构造
1—防水层；2—附加层；3—混凝土踏步；
4—密封材料；5—保温层

6.4 涂膜防水屋面

涂膜防水屋面是将防水材料涂刷在屋面基层上，利用涂料干燥或固化后的不透水性来达到防水的目的。随着材料和施工工艺的不断改进，现在的涂膜防水屋面具有防水、抗渗、粘结力强、耐腐蚀、耐老化、延伸率大、弹性好、不延燃、无毒、施工方便等诸多优点，已广泛用于建筑各部位的防水工程中。

涂膜防水主要适用于防水等级为Ⅱ级的屋面防水，也可用作Ⅰ级屋面多道防水设防中的一道防水。

6.4.1 涂膜防水屋面的材料

涂膜防水屋面主要有各种涂料和胎体增强材料两大类。

1）涂料

防水涂料的种类很多，按其溶剂或稀释剂的类型可分为溶剂型、水溶型、乳液型等；按施工时涂料液化方法的不同则可分为热熔型、常温型等；按成膜的方式则有反应固化型、挥发固化型等。目前常用的防水涂料有合成高分子防水涂料、聚合物水泥防水涂料、高聚物改性沥青防水涂料。防水涂料的选择应根据当地历年最高气温、最低气温、屋面坡度和使用条件等因素，选择耐热性、低温柔性相适应的涂料；根据地基变形程度、结构形式、当地年温差、日温差和振动等因素，选择拉伸性能相适应的涂料；根据屋面涂膜的暴露程度，选择耐紫外线、耐老化相适应的涂料；屋面坡度大于 25％时，应选择成膜时间较短的涂料。

2）胎体增强材料

某些防水涂料（如氯丁胶乳沥青涂料）需要与胎体增强材料（即所谓的布）配合，以增强涂层的贴附覆盖能力和抗变形能力。目前，使用较多的胎体增强材料为 0.1mm×6mm×4mm 或 0.1mm×7mm×7mm 的中性玻璃纤维网格布或中碱玻璃布、聚酯无纺布等。

6.4.2　涂膜防水屋面的构造

1）构造组成

涂膜防水屋面的基本构造层次（自下而上）按其作用分为结构层、找平层、基层处理剂、涂膜防水层、保护层，如图 6-24 所示。

（1）结构层

结构层可以是常见的钢筋混凝土屋面板，也可以是各种构件式的轻型屋面，如钢丝网水泥瓦、预应力 V 形折板等。当采用预制钢筋混凝土板时，板缝须用嵌缝材料嵌严，嵌缝油膏深度应大于 20mm，下部用 C20 细石混凝土灌实。

（2）找平层

与卷材防水屋面相同，涂膜防水层的基层宜设找平层，且找平层上也宜留分格缝。找平层的厚度和技术要求、分格缝的构造处理也与卷材防水屋面相同。

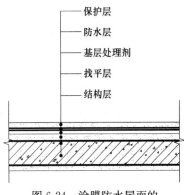

图 6-24　涂膜防水屋面的基本构造层次

与卷材防水层相比，涂膜防水层对找平层的平整度要求更为严格，否则涂膜防水层的厚度得不到保证，容易降低涂膜防水层的防水可靠性和耐久性。同时，由于涂膜防水层是满粘于找平层，找平层开裂或强度不足也易引起防水层的开裂，因此，涂膜防水层的找平层还应有足够的强度和尽可能避免裂缝的要求。涂膜防水层的找平层宜采用掺膨胀剂的细石混凝土，强度等级不低于 C20，厚度不少于 30mm，宜为 40mm。

（3）基层处理剂

基层处理剂是指在涂膜防水层施工前，预先涂刷在基层上的涂料。涂刷基层处理剂的目的是：① 堵塞基层毛细孔，使基层的潮湿水蒸气不易向上渗透至防水层，减少防水层起鼓；② 增强基层与防水层的粘结力；③ 将基层表面的尘土清洗干净，以便于粘结。

基层处理剂的种类大致有三种：① 稀释的涂料。若使用水乳型防水涂料，可用掺 0.2%～0.5% 乳化剂的水溶液或软化水将涂料稀释，其用量比例一般为：防水涂料：乳化剂水溶液(或软水)＝1：0.5～1：1；② 涂料薄涂。若为溶剂型防水涂料，由于其对水泥砂浆或混凝土毛细孔的渗透能力比水乳型防水涂料强，可直接用涂料薄涂作基层处理，如涂料较稠，可用相应的溶剂稀释后使用；③ 掺配的溶液。如高聚物改性沥青防水涂料也可用以煤油：30 号沥青＝60：40 的比例配制而成的溶液作为基层处理剂。

因此，基层处理剂的选择应与涂膜防水涂料的材性相容，使用前调制配合并搅拌均匀。涂刷时应用刷子用力薄涂，使其渗入基层表面的毛细孔中。特别在较为干燥的屋面上进行溶剂型防水涂料施工时，使用基层处理剂打底后再进行防水涂料涂刷效果更好。

（4）涂膜防水层

防水涂料的类型很多，在选择上同样需考虑到温度、变形、暴露程度等因素，选择相适应的涂料。

在防水层厚度的选用上，需要根据屋面的防水等级、防水涂料的类型来确定，每道涂膜防水层的最小厚度应满足表6-4的要求。

每道涂膜防水层最小厚度 表6-4

防水等级	设防要求	合成高分子防水涂膜	聚合物水泥防水涂膜	高聚物改性沥青防水涂膜
Ⅰ级	二道防水设防	1.5mm	1.5mm	2.0mm
Ⅱ级	一道防水设防	2.0mm	2.0mm	3.0mm

涂膜防水层施工前，应先对水落口、天沟、檐沟、泛水、伸出屋面管道根部等节点部位进行增强处理，一般涂刷加铺胎体增强材料的涂料进行增强处理。

涂膜防水层的施工除了应遵循"先高后低，先远后近"的原则外，还应符合下列规定：

① 防水涂料应多遍均匀涂布，涂膜总厚度应符合表6-4的要求；

涂膜间夹铺增强材料时，宜边涂布边铺胎体；胎体应铺贴平整，排除气泡，并应与涂料粘结牢固。在胎体上涂布涂料时，应使涂料浸透胎体，并应覆盖完全，不得有胎体外露现象，最上面的涂膜厚度不应小于1.0mm。

② 胎体增强材料长边搭接宽度不应小于50mm，短边搭接宽度不应小于70mm；上下层胎体增强材料的长边搭接缝应错开，且不得小于幅宽的1/3；上下层胎体增强材料不得相互垂直铺设。

③ 涂膜施工应先涂布排水较集中的水落口、天沟、檐沟、檐口等节点部位，再进行大面积涂布。

④ 屋面转角及立面的涂膜应薄涂多遍，不得流淌和堆积。

涂膜防水层的涂布方式主要有：滚涂、刮涂、喷涂、刷涂等方式。具体采用何种方式应根据不同的防水涂料及不同节点部位进行选择，且应符合相应的施工要求。

（5）保护层

在涂膜防水层上应设置保护层，以避免太阳直射导致的防水膜过早老化；同时还可以提高涂膜防水层的耐穿刺、耐外力损伤的能力，从而提高涂膜防水层的耐久性。

不上人屋面的保护层可以采用同类的防水涂料为基料，加入适量的颜色或银粉作为着色保护涂料；也可以在防水涂料涂布完未干之前均匀撒上细黄沙，或石英砂，或云母粉之类的材料作保护层。

上人屋面的保护层做法同卷材防水屋面。

2）细部构造

与卷材防水屋面一样，涂膜防水屋面也需处理好泛水、天沟、檐沟、檐口、水落口等细部构造。

涂膜防水屋面的细部构造要求及做法基本类同于卷材防水屋面，有所不同的是，涂膜防水屋面檐口、泛水等细部构造的涂膜收头，应采用防水涂料多遍涂刷，且细部节点部位的附加层通常采用带有胎体增强材料的附加涂膜防水层。

涂膜防水屋面的檐口、泛水等细部如图 6-25 和图 6-26 所示。其余节点的细部构造读者可参考卷材防水屋面。

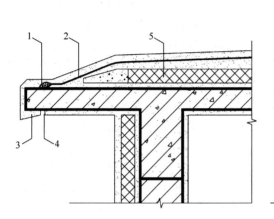

图 6-25 涂膜防水屋面挑檐口构造

1—防水涂料多遍涂刷；2—涂膜防水层；

3—鹰嘴；4—滴水槽；5—保温层

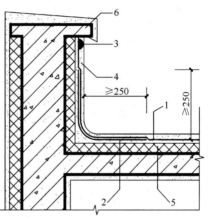

图 6-26 涂膜防水屋面泛水构造

1—涂膜防水层；2—带胎体增强材料的

附加涂膜防水层；3—防水涂料多遍涂刷；

4—保护层；5—保温层；6—压顶

6.5 瓦屋面

瓦屋面一般是在屋面基层上铺盖各种瓦材，利用瓦材的相互搭接来防止雨水渗漏。也有出于造型需要而在屋面盖瓦，利用瓦下的其他材料来防水的做法。瓦屋面的构造比较简单，取材较便利，是我国传统建筑常用的屋面构造方式。目前在一些民居建筑、农村建筑和生产辅助建筑中仍得到较多的应用。

瓦屋面的防水材料为各种瓦材及与瓦材配合使用的各种涂膜防水材料和卷材防水材料。其防水等级和防水做法应符合表 6-5 的要求。

瓦屋面防水等级及防水做法　　　　表 6-5

防水等级	防水做法	防水等级	防水做法
Ⅰ 级	瓦＋防水层	Ⅱ 级	瓦＋防水垫层

注：1. 防水层厚度应符合《屋面工程技术规范》中Ⅱ级防水的规定；

　　2. 防水垫层宜采用自粘聚合物沥青、聚合物改性沥青防水垫层，其厚度应符合《屋面工程技术规范》和《坡屋面工程技术规范》的规定。

瓦屋面按屋面基层的组成方式可分为有檩体系和无檩体系两种。在有檩体系中，瓦通常铺设在由檩条、屋面板、挂瓦条等组成的基层上；无檩体系的瓦屋面基层则通常由各类钢筋混凝土板构成。

常用的瓦屋面主要有块瓦、沥青瓦和波形瓦等。瓦屋面的基层可以采用木基层，也可以采用混凝土基层，其防水构造做法应根据瓦的类型、基层种类和防水等级而定。

6.5.1　块瓦屋面

块瓦是由黏土、混凝土和树脂等材料制成的块状硬质屋面瓦材。块瓦分为平瓦和小青瓦、筒瓦等。由于块瓦瓦片的尺寸较小，且瓦片相互搭接时搭接部位垫高较大，为了保证屋面的防水性能，块瓦屋面的坡度不应小于30%。

块瓦的固定应根据不同瓦材的特点采用挂、绑、钉、粘的不同方法固定。除了小青瓦和筒瓦需采用水泥砂浆卧瓦固定外，其他块瓦屋面应采用干挂铺瓦方式。其目的是为了施工安全方便；并可避免水泥砂浆卧瓦安装方式的缺陷，如易产生冷桥、污染瓦片、冬季砂浆收缩拉裂瓦片、粘结不牢引起脱落等。

铺瓦方式包括水泥砂浆卧瓦、钢挂瓦条挂瓦、木挂瓦条挂瓦，其屋面防水构造做法如图6-27所示。钢、木挂瓦条有两种固定方法，一种是挂瓦条固定在顺水条上，顺水条钉牢在细石混凝土找平层上；另一种不设顺水条，将挂瓦条和支承垫块直接钉在细石混凝土找平层上。

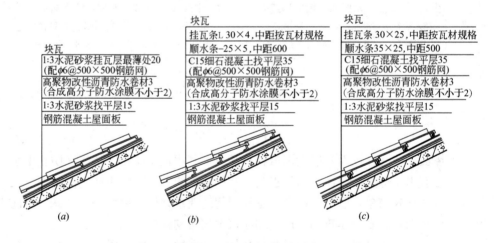

图6-27　块瓦屋面构造层次
(a) 砂浆卧瓦；(b) 钢挂瓦条；(c) 木挂瓦条

块瓦屋面应特别注意块瓦与屋面基层的加强固定措施。在大风及地震设防地区或屋面坡度大于100%时，瓦片应采取固定加强措施。特别是檐口部位是受风压较集中的部位，特别应采取防风揭和防落瓦措施。块瓦的固定加强措施一般有以下几种：

（1）水泥砂浆卧瓦者，用12号铜丝将瓦与满铺钢丝网绑扎固定；

（2）钢挂瓦条钩挂者，用双股18号铜丝将瓦与钢挂瓦条绑牢；

（3）木挂瓦条钩挂者，用专用螺钉（或双股18号铜丝）将瓦与木挂瓦条钉（绑）牢。

6.5.2 沥青瓦屋面

沥青瓦是以玻璃纤维为胎基、经渗涂石油沥青后，一面覆盖彩色矿物粒料，另一面撒以隔离材料制成的柔性瓦状屋面防水片材。又被称为玻纤胎沥青瓦、油毡瓦、多彩沥青油毡瓦等。沥青瓦按产品形式分为平面沥青瓦（单层瓦）和叠合沥青瓦（叠层瓦）两种，其规格一般为 1000mm×333mm×2.8mm。

沥青瓦屋面由于具有重量轻、颜色多样、施工方便、可在木基层或混凝土基层上适用等优点，近些年来在坡屋面工程中广泛采用。其中，叠层瓦的坡屋面比单层瓦的立体感更强。为了避免在沥青瓦片之间发生浸水现象，利于屋面雨水排出，沥青瓦屋面的坡度不应小于 20%。

由于沥青瓦为薄而轻的片状材料，故其固定方式应以钉为主，粘结为辅。因此，沥青瓦屋面的构造层次相对比较简单，做法如图 6-28 所示。

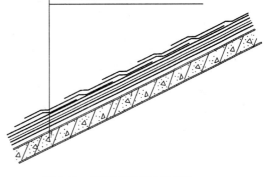

沥青瓦

挂瓦条30×25,中距按瓦材规格

空铺卷材垫毡一层

C15细石混凝土找平层35
(配φ6@500×500钢筋网) 规格

高聚物改性沥青防水卷材3
(合成高分子防水涂膜不小于2)

1:3 水泥沙浆找平层15

钢筋混凝土层面板

图 6-28 沥青瓦屋面构造层次

6.6 屋顶的保温和隔热

屋顶和外墙同属于房屋的外围护结构，不但要有遮风避雨的功能，还应有保温与隔热的功能。屋顶的保温与隔热不仅仅是给顶层房间提供良好、舒适的热环境，同时也是为了满足建筑节能的要求。

6.6.1 屋顶的节能要求

作为房屋外围护结构的重要组成，屋顶节能是建筑节能的一个重要方面。屋顶的节能主要通过提高其保温与隔热的性能来降低顶层房间的空调能耗。

屋顶要想达到好的节能效果，需要结合当地的气候条件、建筑体型等因素来选择合理的节能措施。如在严寒及寒冷地区，屋顶通过设置保温层可以阻止室内热量的散失；在炎热地区，屋顶通过设置隔热降温层可以阻止太阳的辐射热传至室内；在夏热冬冷地区，屋顶则需要两者兼顾考虑。

目前，各地区都出台了相应的建筑节能标准，并对屋顶的热工性能进行了相应的规定。如《公共建筑节能设计标准》GB 50189、《严寒和寒冷地区居住建筑节能设计标准》JGJ 26、《夏热冬冷地区居住建筑节能设计标准》JGJ 134、《夏热冬暖地区居住建筑节能设计标准》JGJ 75，以及各地颁布的地方节能标准等。各地区对公共建筑屋顶的传热系数均有不同要求。表 6-6 是不同气候区对甲类公共建筑屋顶传热系数的限值。

甲类公共建筑屋顶的传热系数 K 限值 [单位：W/(m² · K)]　　表 6-6

建筑体型	严寒地区		寒冷地区	夏热冬冷地区	夏热冬暖地区
	A、B 区	C 区			
体型系数≤0.3	≤0.28	≤0.35	≤0.45	≤0.40(D≤2.5)	≤0.50(D≤2.5)
0.3<体型系数≤0.5	≤0.25	≤0.28	≤0.40	≤0.50(D>2.5)	≤0.80(D>2.5)

6.6.2 屋顶保温

寒冷地区或装有空调设备的建筑，其屋顶应具有较好的保温性能，设计成保温屋面。墙体在稳定传热条件下防止室内热损失的主要措施是提高墙体的热阻，这一原则同样适用于屋面的保温，提高屋盖热阻的办法是在屋面设置保温层。

1) 保温材料类型

保温材料一般为轻质、疏松、多孔或纤维的材料，导热系数不大于 0.25W/(m · K)，如图 6-29 所示。按其成分有无机材料和有机材料两种；按其形状可分为以下三种类型：

（1）松散保温材料

常用的有膨胀蛭石（粒径 3～15mm）、膨胀珍珠岩、炉渣和水渣（粒径为 5～40mm）、岩棉、矿棉等。

(a)

(b)

(c)

图 6-29　保温材料

(a) 松散保温材料；(b) 板状保温材料；(c) 整体保温材料

（2）板状保温材料

如加气混凝土板、泡沫混凝土板、膨胀珍珠岩板、膨胀蛭石板、矿棉板、泡沫塑料板、岩棉板等。有机纤维材的保温性能一般较无机板材为好，但耐久性较差，只有在通风条件良好、不易腐烂的情况下使用才较为适宜。

板状保温材料的质量应符合表6-7的要求。

（3）整体保温材料

通常用水泥或沥青等胶结材料与松散保温材料拌合，整体浇筑在需保温的部位，如喷涂硬泡聚氨酯、现浇泡沫混凝土等。

各类保温材料的选用应结合工程造价、铺设的具体部位、保温层是否封闭还是敞露等因素加以考虑。保温层宜选用吸水率低、密度和导热系数小，并有一定强度的保温材料，纤维材料做保温层时应采取防止压缩的措施，厚度应就建筑所在气候区按现行建筑节能设计标准计算确定，屋面坡度较大时，要采取防滑措施。

板状保温材料质量要求 表6-7

项目	质量要求					
	聚苯乙烯泡沫塑料		硬质聚氨酯泡沫塑料	泡沫玻璃	加气混凝土类	膨胀珍珠岩类
	挤压	模压				
表观密度	—	15～30	≥30	≥150	400～600	200～350
压缩强度	≥250	60～150	≥150	—	—	—
抗压强度	—	—	—	≥0.4	≥2.0	≥0.3
导热系数	≤0.030	≤0.041	≤0.027	≤0.062	≤0.220	≤0.087
70℃，48h后尺寸变化率（%）	≤2.0	≤4.0	≤5.0	—	—	—
吸水率（v/v，%）	≤1.5	≤6.0	≤3.0	≤0.5	—	—
外观	板材表面基本平整，无严重凹凸不平					

2）平屋顶的保温构造

平屋顶的屋面坡度较缓，宜在屋顶结构层上放置保温层。保温屋的位置有两种处理方式：

将保温层放在结构层之上，防水层之下，成为封闭的保温层。这种方式通常叫做正置式保温，也叫做内置式保温。将保温层放在防水层上，成为敞露的保温层。这种方式通常叫做倒置式保温，也叫外置式保温。图6-30为平屋顶正置式卷材保温构造。与非保温屋面不同的是增加了保温层和保温层上下的找平层及隔汽层。

保温层上设找平层是因为保温材料的强度通常较低，表面也不够平整，其上需经找平后才便于铺贴防水卷材；

当严寒及寒冷地区屋面结构冷凝界面内侧实际具有的蒸汽渗透阻小于所需

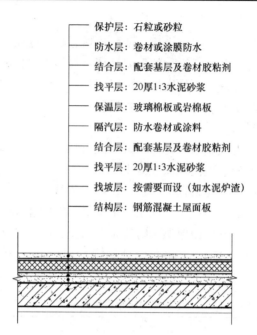

保护层：石粒或砂粒
防水层：卷材或涂膜防水
结合层：配套基层及卷材胶粘剂
找平层：20厚1:3水泥砂浆
保温层：玻璃棉板或岩棉板
隔汽层：防水卷材或涂料
结合层：配套基层及卷材胶粘剂
找平层：20厚1:3水泥砂浆
找坡层：按需要而设（如水泥炉渣）
结构层：钢筋混凝土屋面板

图 6-30　卷材平屋顶保温构造做法（单位：mm）

值，或其他地区室内湿气有可能透过屋面进入保温层时，应设置隔汽层。隔汽层应设置在结构层上，保温层下。冬季室内气温高于室外，热汽流从室内向室外渗透，空气中的水蒸气随热汽流从屋面板的孔隙渗透进保温层，由于水的导热系数比空气大得多，一旦多孔隙的保温材料进了水便会大大降低其保温效果。同时，积存在保温材料中的水分遇热也会转化为蒸气而膨胀，容易引起卷材防水层的起鼓。

隔蒸汽层阻止了外界水蒸气渗入保温层，但也产生一些副作用。因为保温层的上下均被不透水的材料封住，如施工中保温材料或找平层未干透就铺设了防水层，残存于保温层中的水气就无法散发出去。为了解决这个问题，需在保温层中设置排气道，道内填塞大粒径的炉渣，既可让水蒸气在其中流动，又可保证防水层的坚实牢靠，如图 6-31(b) 所示。找平层内的相应位置也应留槽作排气道，并在其上干铺一层宽 200mm 的卷材，卷材用胶粘剂单边点贴铺盖。排气道应在整个屋面纵横贯通，并与连通大气的排气孔相通，如图 6-31(a)、(c)、(d)。排气孔的数量视基层的潮湿程度而定，一般以每 35m² 设置一个为宜。

图 6-32 是倒置式保温屋面的构造做法，倒置式保温屋面 20 世纪 60 年代开始在德国和美国被采用，其特点是保温层做在防水层之上，对防水层起到一个屏蔽和防护的作用，使之不受阳光和气候变化的影响而温度变形较小，也不易受到来自外界的机械损伤。

倒置式屋面坡度宜为 3%，保温材料应采用吸水率低，且长期浸水不变质的保温材料，如聚苯乙烯泡沫塑料板、聚氨酯泡沫塑料板等，板状保温材料下部纵向应设排水凹缝。保温层与防水层所用材料应相容匹配，保温层上宜采用块体材

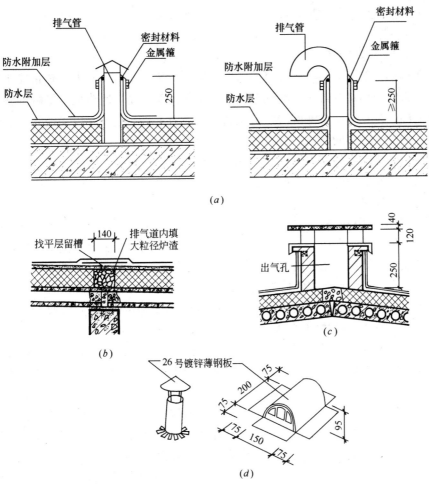

图 6-31 排气道构造（单位：mm）

(a) 屋面排气管；(b) 保温层排气道；(c) 排气口；(d) 通风帽

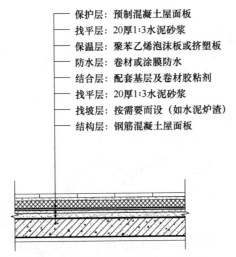

保护层：预制混凝土屋面板
找平层：20厚1:3水泥砂浆
保温层：聚苯乙烯泡沫板或挤塑板
防水层：卷材或涂膜防水
结合层：配套基层及卷材胶粘剂
找平层：20厚1:3水泥砂浆
找坡层：按需要而设（如水泥炉渣）
结构层：钢筋混凝土屋面板

图 6-32 倒置式卷材防水保温屋面（单位：mm）

料或细石混凝土做保护层，以防止保温层表面破损和延缓其老化过程。

6.6.3 屋顶隔热

在夏季太阳辐射和室外气温的综合作用下，从屋盖传入室内的热量要比从墙体传入室内的热量多得多。在低多层建筑中，屋顶的隔热性能更会影响到整幢建筑的能耗，在我国南方地区的建筑屋面隔热尤为重要，应采取适当的构造措施解决屋盖的降温隔热问题。

屋顶隔热降温的基本原理是：减少直接作用于屋顶表面的太阳辐射热量。所采用的主要构造做法是：屋面间层通风隔热、屋面蓄水隔热、屋面植被隔热、屋面反射阳光隔热等。

1）屋顶通风隔热

通风隔热就是在屋面上设置架空通风间层，使其上层表面遮挡太阳辐射，同时利用风压和热压作用将间层中的热空气不断带走，使通过屋面板传入室内的热量大为减少，从而达到隔热降温的目的。通风间层的设置通常有两种方式：一种是在屋面上做架空通风隔热间层，另一种是利用吊顶棚内的空间做通风间层。

（1）架空通风隔热间层

架空通风隔热间层的隔热原理是：一方面利用架空的面层遮挡直射阳光，另一方面架空层内被加热的空气与室外冷空气产生对流，将层内的热量源源不断地排走，从而达到降低室内温度的目的。

因有架空隔热层设于屋面防水层上，因此防水层上不用再设保护层。架空层内的空气可以自由流通，宜在屋顶有良好通风的建筑上采用，不宜在寒冷地区采用。采用混凝土板架空隔热层时，屋面坡度不宜大于5%。

架空通风层通常用砖、瓦、混凝土等材料及制品制作，如图6-33所示。其中最常用的是图6-33(a)，即砖墩架空混凝土板（或大阶砖）通风层。

架空通风层的设计要点有：

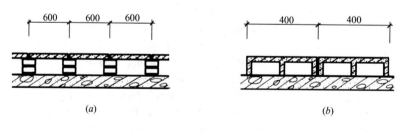

(a)

(b)

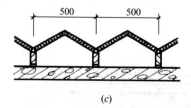

(c)

图6-33 架空通风隔热（单位：mm）

(a) 架空预制板（或大阶砖）；(b) 架空混凝土山形板；(c) 架空钢丝网水泥折板

• 架空层的净空高度应随屋面宽度和坡度的大小而变化：屋面宽度和坡度越大，净空越高，但不宜超过 360mm，否则架空层内的风速将反而变小，影响降温效果。架空层的净空高度一般以 180～300mm 为宜。屋面宽度大于 10m 时，架空隔热层中部应设置通风屋脊以改善通风效果。

• 为保证架空层内的空气流通顺畅，其周边应留设一定数量的通风孔，图 6-34(b) 进风口宜设置在当地炎热季节最大频率风向的正压区，出风口设置在负压区，通风孔可开在女儿墙上。如果在女儿墙上开孔有碍于建筑立面造型，也可以在离女儿墙至少 250mm 宽的范围内不铺架空板，让架空板周边开敞，以利空气对流。

• 隔热板的支承物可以做成砖垄墙式的，如图 6-34(a)，也可做成砖墩式的，如图 6-34(b) 所示。当架空层的通风口能正对当地夏季主导风向时，采用前者可以提高架空层的通风效果。但当通风孔不能朝向夏季主导风向时，采用砖垄墙式的反而不利于通风。这时最好采用砖墩支承架空板方式，这种方式与风向无关，但通风效果不如前者。这是因为砖垄墙架空板通风是一种巷道式通风，只要正对主导风向，巷道内就易形成流速很快的对流风，散热效果好，而砖墩架空层内的对流风速要慢得多。

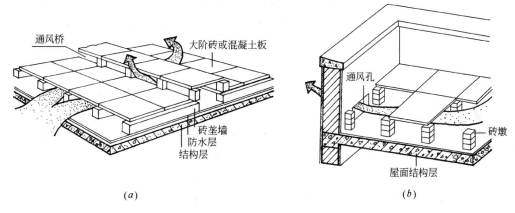

(a)   (b)

图 6-34 通风桥与通风孔
(a) 架空隔热层与通风桥 ；(b) 架空隔热层与女儿墙通风孔

(2) 顶棚通风隔热

利用顶棚与屋面间的空间做通风隔热层可以起到架空通风层同样的效果。在传统建筑中坡屋顶形成的建筑两侧三角形山墙上开洞通风是常采用的通风方法。见图 6-35。图 6-36 是几种常见的顶棚通风隔热屋面构造示意，设计中应注意满足下列要求：

• 必须设置一定数量的通风孔，使顶棚内的空气能迅速对流。平屋顶的通风孔通常开设在外墙上，孔口饰以混凝土花格或其他装饰性构件，如图 6-35(a) 所示。坡屋顶的通风孔常设在挑檐顶棚处、檐口外墙处、山墙上部，如图 6-35(b)、(c) 所示。屋盖跨度较大时还可以在屋盖上开设天窗作为出气孔，以加强顶棚层内的通风，图 6-35(c)、(d)。进气孔可根据具体情况设在顶棚或外墙上。有的地区则在屋盖安放双层屋面板而形成通风隔热层，其中上层屋面板用来铺设防水

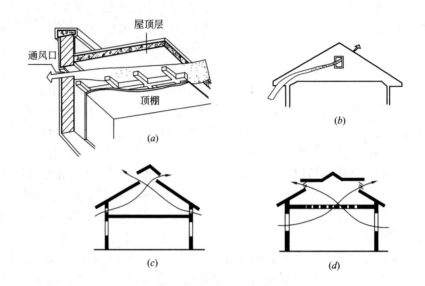

图 6-35　顶棚通风隔热屋面
(a) 在外墙上设通风孔；(b) 檐口及山墙通风孔；
(c) 外墙及天窗通风孔；(d) 顶棚及天窗通风孔

层，下层屋面板则用作通风顶棚，通风层的四周仍需设通风孔。

•顶棚通风层应有足够的净空高度，应根据各综合因素所需高度加以确定。如通风孔自身的必需高度、屋面梁、屋架等结构的高度、设备管道占用的空间高度及供检修用的空间高度等。仅作通风隔热用的空间净高一般为 500mm 左右。

•通风孔须考虑防止雨水，特别是无挑檐遮挡的外墙通风孔和天窗通风口应注意解决好飘雨问题。当通风孔较小（不大于 300mm×300mm）时，只要将混凝土花格靠外墙的内边缘安装，利用较厚的外墙洞口即可挡住飘雨。当通风孔尺寸较大时，可以在洞口处设百叶窗片挡雨，如图 6-36 所示。

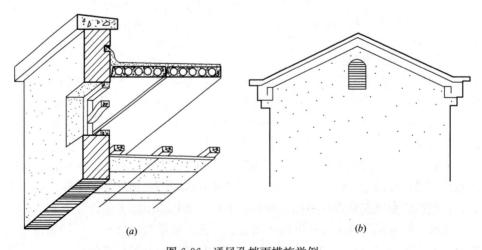

图 6-36　通风孔挡雨措施举例
(a) 通风孔花格窗朝外墙内沿安装；(b) 通风孔用百叶窗挡雨

2）蓄水隔热

蓄水隔热的原理为：在太阳辐射和室外气温的综合作用下，水能吸收大量的热而由液体蒸发为气体，从而将热量散发到空气中，减少了屋盖吸收的热能，起到隔热的作用。水面还能反射阳光，减少阳光辐射对屋面的热作用。水层在冬季还有一定的保温作用。此外，水层长期将防水层淹没，使诸如卷材和嵌缝胶泥之类的防水材料在水层的保护下推迟老化过程，延长使用年限。

总的来说，蓄水屋面具有既能隔热又可保温，既能减少防水层的开裂又可延长其使用寿命等优点。在我国南方地区，蓄水屋面对于建筑的防暑降温和提高屋面的防水质量能起到很好的作用。如果在水层中养殖一些水浮莲之类的水生植物，利用植物吸收阳光进行光合作用和叶片遮蔽阳光的特点，其隔热降温的效果将会更加理想，见图 6-37。

但蓄水屋面不宜在寒冷地区、地震设防地区和振动较大的建筑物上采用。

蓄水屋面的构造设计主要应解决好以下几方面的问题：

（1）蓄水池

蓄水池应采用强度等级不低于 C25，抗渗等级不低于 P6 的现浇混凝土，蓄水池内宜采用 20mm 厚防水砂浆抹面。

（2）水层深度及屋面坡度

过厚的水层会加大屋面荷载，过薄的水层夏季又容易被晒干，不便于管理。比较适宜的水层深度为 150～200mm。为保证屋面蓄水深度的均匀，蓄水层面的坡度不宜大于 0.5%。

图 6-37　蓄水屋面

（3）防水层的做法

蓄水屋面应在防水层上做隔离层后再做蓄水层。

（4）蓄水区的划分

为了便于分区检修和避免水层产生过大的风浪，蓄水屋面应划分为若干蓄水区，每区的边长不宜超过 10m。

长度超过 40m 的蓄水隔热层应分仓设置，分仓隔墙可采用现浇混凝土或砌体。壁上留过水孔，使各蓄水区的水层连通，如图 6-38(a) 所示，但在变形缝的两侧应设计成互不连通的蓄水区。

（5）女儿墙与泛水

蓄水屋面四周可做女儿墙并兼作蓄水池的仓壁。在女儿墙上应将屋面防水层延伸到墙面形成泛水，泛水的高度应高出溢水孔 100mm。若从防水层面起算，泛水高度则为水层深度与 100mm 之和，即 250～300mm。

（6）溢水孔与泄水孔

为避免暴雨时蓄水深度过大，应在蓄水池外壁上均匀布置若干溢水口，距离分仓墙顶面的高度不得小于 100mm，通常每开间约设一个，以使多余的雨水溢出屋面。为便于检修时排除蓄水，应在池壁根部设泄水孔，每开间约一个。泄水孔和溢水孔均应与排水檐沟或水落管连通，如图6-38(b)、(c)所示。

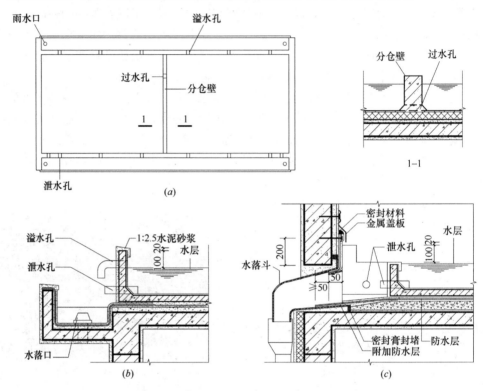

图 6-38　蓄水屋面

(a) 蓄水屋面平面布置示意图；(b) 蓄水屋面檐沟构造；(c) 蓄水屋面穿女儿墙落水口构造

（7）管道的防水处理

蓄水屋面应设给水管和排水管，保证水源的稳定。排水管应与排水出口连通。所有的给排水管、溢水管、泄水管均应在做防水层之前装好，并用油膏等防水材料妥善嵌填接缝。

综上所述，蓄水屋面与普通平屋盖防水屋面不同的就是增加了"一壁三孔二管"。所谓一壁是指蓄水池的仓壁，三孔是指溢水孔、泄水孔、过水孔，二管是指给水管和排水管。一壁三孔二管概括了蓄水屋面的构造特征。

我国南方部分地区也有采用深蓄水屋面做法的，其蓄水深度可达600～700mm，视各地气象条件而定。采用这种做法是出于水源完全由天然降雨提供，不需人工补充水的考虑。为了保证池中蓄水不致干涸，蓄水深度应大于当地气象资料统计提供的历年最大雨水蒸发量，也就是说蓄水池中的水即使在连晴高温的季节也能保证不干。深蓄水屋面的主要优点是不需人工补充水，管理便利，池内还可以养鱼增加收入。但这种屋面的荷载很大，超过一般屋面板承受的荷载。为确保结构安全，应单独对屋面结构进行验算。

3) 种植隔热

屋顶种植不但能美化环境，改善城市"热岛效应"，减少雨水排放，还能显著减少建筑能耗，是一种生态的隔热措施。种植隔热的原理是：在屋顶上种植植物，主要的太阳辐射能量由植物和土层蒸发蒸腾消耗，另一部分植物进行光合作用转化，只有一小部分热量进入建筑内部和扩散到大气，以此来达到降温隔热的目的。

（1）种植隔热屋面的类型

种植隔热根据栽培介质构造方式的不同可分为一般覆土种植屋面和蓄水种植屋面。

根据植物类型和景观特点可分为粗放型屋顶绿化（Extensive green roof）、精细型屋顶绿化（Intensive green roof）和半精细屋顶绿化（Semi-Intensive green roof）。这也是国际上惯用的分类。粗放型屋顶绿化土层一般不超过 10cm，选择耐旱、耐瘠的植物，多为景天科植物，除极端气候外不需要灌溉，管理粗放，但景观性较差，因荷载小也称为轻型屋顶绿化，如图 6-39（a）（c）。精细化屋顶绿化也即我们常说的屋顶花园，种植基质较深，植物高低搭配，空间丰富，景观效果好，常结合屋顶休闲空间来设置，见图 6-39（b）（d）。缺点是荷载大，对管理提出较高要求。半精细化屋顶绿化介于这两者之间。

(a)

(b)

(c)

(d)

图 6-39　屋顶绿化类型图

根据种植床实现方式来分可分为覆土型和容器型屋顶绿化，覆土型是我们最常见到的，施工时各构造层次现场铺装。容器型屋顶绿化是将排水层、蓄水层、基质、植物整合成一个标准容器，便于移动，只需现场安放容器，见图 6-40，可以实现屋顶的"一夜变绿"，成坪快，无污染，便于工业化大规模生产。但植物类型较单一，往往用来做粗放型屋顶绿化。

（2）种植屋顶绿化相关构造

下面主要介绍一般覆土种植隔热屋面和传统蓄水种植屋面两类屋面。

图 6-40　种植容器

(a) 便于移动的种植容器；(b) 种植容器底部

① 一般覆土种植隔热屋面

一般种植隔热屋面的构造层次为：防水层、保护层、隔根层、排（蓄）水层、滤水层、种植介质层、植物层。其构造见图 6-41。其构造要点为：

• 选择适宜的种植介质　为了不过多地增加屋面荷载，宜尽量选用轻质材料作栽培介质，常用的有谷壳、蛭石、陶粒、泥碳等，即所谓的无土栽培介质。近年来，还有以聚苯乙烯、尿甲醛、聚甲基甲酸酯等合成材料泡沫或岩棉、聚丙烯腈絮状纤维等作栽培介质的，其质量更轻，耐久性和保水性更好。为了降低成本，也可以在发酵后的锯末中掺入约 30% 体积比的腐殖土作栽培介质，但密度较大，需对屋面板进行结构验算，且容易污染环境。

种植土厚度应根据不同种植土和植物种类确定，以满足所栽种的植物正常生

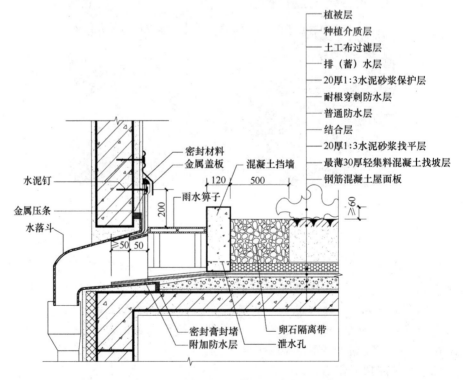

植被层
种植介质层
土工布过滤层
排（蓄）水层
20厚1:3水泥砂浆保护层
耐根穿刺防水层
普通防水层
结合层
20厚1:3水泥砂浆找平层
最薄30厚轻集料混凝土找坡层
钢筋混凝土屋面板

密封材料
金属盖板
混凝土挡墙
水泥钉
雨水箅子
金属压条
水落斗
密封膏封堵
卵石隔离带
附加防水层
泄水孔

图 6-41　一般覆土种植隔热屋面构造（单位：mm）

长的需要，其厚度可参考表6-8选用，但一般不宜小于100mm。

种植土厚度（mm）　　　　　表6-8

植物种类	种植土厚度（mm）				
	草坪、地被	小灌木	大灌木	小乔木	大乔木
种植土厚度	≥100	≥300	≥500	≥600	≥900

• 隔根层：一般有合金、橡胶、PE（聚乙烯）和HDPE（高密度聚乙烯）等材料类型，用于防止植物根系穿透防水层。隔根层铺设在排（蓄）水层下，搭接宽度不小于100cm，并向建筑侧墙面上延伸15～20cm。可直接采用耐根穿刺防水层，如图6-41所示。

• 种植层的滤水。种植介质颗粒较小，容易随水流走。保土滤水就很重要。现一般采用能透水的200～400g/m² 的土工布，用于阻止基质进入排水层。滤水层铺设在基质层下，搭接缝的有效宽度应达到10～20cm，并向建筑侧墙面延伸至基质表层上方5cm处。

• 种植床的做法　种植床又称苗床，可用砖或加气混凝土来砌筑床埂。床埂最好砌在下部的承重结构上，内外用1∶3水泥砂浆抹面，高度宜大于种植层60mm左右。每个种植床应在其床埂的根部设不少于两个的泄水孔，以防种植床内积水过多造成植物烂根。

• 种植屋面的排水和给水。排（蓄）水层主要起排水作用，蓄排水板也兼蓄水作用（图6-42）。通过排水孔，将多余的水排到屋顶上，储存的水可以通过水气毛细作用保持种植介质湿度，有助植物生长。在荷载满足时，排水层也可用陶粒或卵石。一般种植屋面应有一定的排水坡度（1％～3％），以便及时排除积水。通常在靠屋面低侧的种植床与女儿墙间留出300～400mm的距离，利用所形成的天

图6-42　屋顶铺装蓄排水板

沟组织排水。如采用含泥砂的栽培介质，屋面排水口处宜设挡水槛，以便沉积水中的泥砂，这种情况要求合理地设计屋面各部位的标高，如图6-43所示。

种植层的厚度一般都不大，为了防止久晴天气苗床内干涸，宜在每一种植分区内设给水阀一个，以供人工浇水之用。

• 种植屋面的防水层　种植屋面可以采用一道或多道（复合）防水设防，要特别注意防水层的防蚀处理。防水层上的裂缝可用一布四涂盖缝，分隔缝的嵌缝油膏应选用耐腐蚀性能好的，不宜种植根系发达、对防水层有较强侵蚀作用的植物，如松、柏、榕树等。

• 注意安全防护问题　种植屋面是一种上人屋面，需要经常进行人工管理

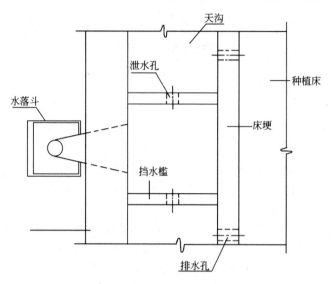

图 6-43　种植屋面的挡水槛

（如浇水、施肥、栽种），因而屋盖四周应设女儿墙等作为护栏以利安全。护栏的净保护高度应满足相关规范对栏杆要求。如屋盖栽有较高大的树木或设有藤架等设施，还应采取适当的支撑固定措施，以免被风刮倒伤人。

种植隔热层屋面坡度大于 20％时，应对蓄排水层和种植土采取防滑措施。

② 蓄水种植隔热屋面

蓄水种植隔热屋面是将一般种植屋面与蓄水屋面结合起来（图 6-44），进一

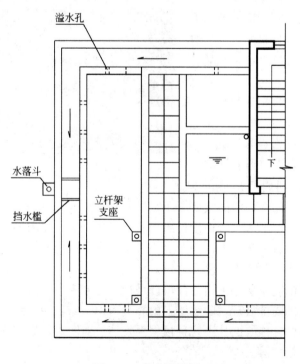

图 6-44　蓄水种植屋面

步完善其构造后所形成的一种隔热屋面。其基本构造层次如图 6-45 所示。其构造要点包含以下方面。

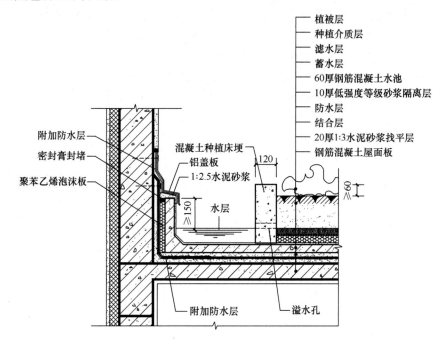

图 6-45 蓄水种植隔热屋面构造（单位：mm）

• 防水层 蓄水种植屋面由于有一蓄水层，故而防水层应采用，以确保防水质量。应先做涂膜（或卷材）防水层，再做保护层。各层做法与前述防水层做法相同。

• 蓄水层 种植床内的水层靠轻质多孔粗骨料蓄积，粗骨料的粒径不应小于 25mm，蓄水层（包括水和粗骨料）的深度不小于 60mm。种植床以外的屋面也蓄水，深度与种植床内相同。

• 滤水层 考虑到保持蓄水层的畅通，不至被杂质堵塞，应在粗骨料的上面铺 60~80mm 厚的细骨料滤水层或无纺布滤水层。细骨料按 5~20mm 粒径级配，下粗上细地铺填，无纺布≥150g/m²，且应超过基质表面 50mm。

• 种植层 蓄水种植屋面的构造层次较多，为尽量减轻屋面板的荷载，栽培介质的堆积密度不宜大于 10kN/m³。

• 种植床埂 蓄水种植屋面应根据屋盖绿化设计用床埂进行分区，每区面积不宜大于 100m²。床埂宜高于种植层 60mm 左右，床埂底部每隔 1200~1500mm 设一个溢水孔，孔下口平水层面。溢水孔处应铺设粗骨料或安设滤网以防止细骨料流失，如图 6-45 所示。

• 人行架空通道板架空板设在蓄水层上、种植床之间，供人在屋面活动和操作管理之用，兼有给屋面非种植覆盖部分增加一隔热层的功效。架空通道板应满足上人屋面的荷载要求，通常可支承在两边的床埂上。

· 除了上述部位，蓄水种植隔热屋面的其他构造要求与一般种植屋面相同。

蓄水种植屋面与一般覆土种植屋面主要的区别是增加了一个连通整个屋面的蓄水层，从而弥补了一般种植屋面隔热不完整、对人工补水依赖较多等缺点，又兼具有蓄水屋面和一般种植屋面的优点，隔热效果更佳，但粗骨料蓄水层荷载较大，不适合旧建筑屋顶改造使用。

种植屋面在降温隔热的效果方面优于所有其他隔热屋面（表6-9），而且在净化空气、美化环境、改善城市生态、提高建筑综合利用效益等方面都具有极为重要的作用，是一种值得大力推广应用的屋面形式。

某地区几种屋面的内表面温度比较表　　　　　　　　　　表 6-9

隔热方案	时间 温度℃	15：00	16：00	17：00	18：00	19：00	20：00	内表面最高温度℃	优劣排序
蓄水种植屋面		31.3	31.9	32.0	31.8	31.7		32.0	1
架空小板通风屋面			36.8	38.1	38.4	38.3	38.2	38.4	6
双层屋面板通风屋面		34.9	35.2	36.4	35.8	35.7		36.4	5
蓄水屋面			34.4	35.1	35.6	35.3	34.6	35.6	4
蓄水养水浮莲屋面			34.1	34.3	34.5	34.4	34.0	34.5	3
一般种植屋面		33.5	33.6	33.7	33.5	33.2		33.7	2

（3）反射隔热

屋面受到太阳辐射后，一部分被屋面反射出去，剩下一部分辐射热量被屋面材料吸收后升温，采用浅色外饰面，可减少对太阳辐射热的吸收，可采用隔热反射涂料，也可采用浅色平滑的粉刷和瓷砖等对太阳辐射吸收率小而对长波辐射发射率大的材料。吸收的太阳辐射与射入的太阳辐射比值为该材料的太阳辐射吸收系数，该值取决于屋盖表面材料的颜色和粗糙程度，表6-10为不同材料不同颜色屋面的太阳辐射反射率。设计中如果能恰当地利用材料的这一特性，也能取得良好的降温隔热效果。例如屋面采用浅色砾石、混凝土，或涂刷白色涂料，均可起到明显的降温隔热作用。

如果在吊顶棚通风隔热层中加铺一层铝箔纸板，其隔热效果更加显著，因为铝箔的反射率在所有材料中是最高的。

各种屋面材料的反射率　　　　　　　　　　表 6-10

屋面材料与颜色	反射率（%）	屋盖表面材料与颜色	反射率（%）
沥青、玛琋脂	15	石灰刷白	80
油毡	15	砂	59
镀锌薄钢板	35	红	26
混凝土	35	黄	65
铝箔	89	石棉瓦	34

复习思考题

1. 屋顶按外形有哪些形式？注意各种形式屋顶的特点及适用范围。

2. 屋面设计应满足哪些要求？

3. 影响屋面排水坡度的因素有哪些？各种屋面的坡度值是多少？屋面坡度的形成方法有哪些？注意各种方法的优缺点比较。

4. 什么叫无组织排水和有组织排水？它们的优缺点和适用范围是什么？

5. 常见的有组织排水方案有哪几种？各适用于何种条件？

6. 屋面排水组织设计的内容和要求是什么？

7. 如何确定屋面排水坡面的数目？如何确定天沟（或檐沟）断面的大小和天沟纵坡值？如何确定雨水管和雨水口的数量及尺寸规划？

8. 卷材屋面的构造层有哪些？各层如何做法？卷材防水层下面的找平层为何要设分格缝？上人和不上人的卷材屋面在构造层次及做法上有什么不同？

9. 卷材防水屋面的泛水、天沟、檐口、雨水口等细部构造的要点是什么？注意记忆它们的典型构造图。

10. 什么叫涂膜防水屋面？

11. 块瓦屋面通常有哪几种铺瓦方式？对于大风及地震设防地区或屋面坡度大于100%的块瓦屋面，通常有哪些固定加强措施？

12. 平屋面和坡屋面的保温有哪些构造做法（用构造图表示）？各种做法适用于何种条件？

13. 平屋面和坡屋面的隔热有哪些构造做法（用构造图表示）？各种做法适用于何种条件？

第 7 章
门和窗

Chapter 7

Door and Window

门和窗是房屋的重要组成部分。门的主要功能是交通联系，窗主要供采光和通风之用，外墙上的门窗均属建筑的围护构件，建筑内部的门窗承担空间分隔作用。

7.1 门窗的设计要求

设计门窗时，必须根据有关规范和建筑的使用要求来决定其形式及尺寸大小，还需满足建筑造型需要，构造需坚固、耐久，开启灵活，关闭紧严，便于维修和清洁，规格类型应尽量统一，并符合现行《建筑模数协调标准》GB/T 50002—2013 的要求，以降低成本和适应建筑工业化生产的需要。建筑门窗设计应满足以下要求：

7.1.1 功能要求

不同的建筑功能，建筑门窗的设置位置、大小、数量都各不相同，如幼儿园的开窗高度就较普通建筑要低，有无障碍需求的建筑门的设计有特别的要求，不同房间功能对外窗采光通风等性能的要求也不同，因此，设计门窗时要满足不同建筑功能需求。

7.1.2 疏散和防火要求

出于人流的安全疏散，疏散门应开向疏散方向，还应通过计算疏散宽度来设置门的数量和大小。如剧院、电影院疏散门的总净宽度见表 7-1。

剧场、电影院、礼堂等场所每 100 人所需最小疏散净宽度（m/百人）　表 7-1

观众厅座位数（座）			≤2500	≤1200
耐火等级			一、二级	三级
疏散部位	门和走道	平坡地面	0.65	0.85
		阶梯地面	0.75	1.00
	楼梯		0.75	1.00

另外，建筑内有些部位的门窗还应满足隔热防火要求，隔热防火门窗是指在规定时间内，能同时满足耐火完整性和隔热性能两个要求的防火门窗。有隔热防火门，部分隔热防火门，非隔热防火门；隔热防火窗、非隔热防火窗，当满足耐火隔热性和完整性 1.5 小时以上的称为甲级，1.0 小时的为乙级，0.5 小时的为丙级，见表 7-2、表 7-3。设计时应根据建筑的不同功能部位选择防火门窗等级。如通风、空气调节机房和变配电室开向建筑内的门应采用甲级防火门，消防控制室和其他设备房开向建筑内的门、防火通道的楼梯间出入口等部位应采用乙级防火门；设备管道井、通风道的门应为丙级防火门。

防火门按照耐火性能分类表　　　　　　　　表 7-2

名称	耐火性能		代号
隔热防火门 （A类）	耐火隔热性≥0.5h 耐火完整性≥0.5h		A0.5（丙级）
	耐火隔热性≥1.00h 耐火完整性≥1.00h		A1.0（乙级）
	耐火隔热性≥1.50h 耐火完整性≥1.50h		A1.5（甲级）
	耐火隔热性≥2.00h 耐火完整性≥2.00h		A2.0
	耐火隔热性≥3.00h 耐火完整性≥3.00h		A3.0
部分隔热防火门 （B类）	耐火隔热性≥0.5h	耐火完整性≥1.00h	B1.0
		耐火完整性≥1.50h	B1.5
		耐火完整性≥2.00h	B2.0
		耐火完整性≥3.00h	B3.0
非隔热防火门 （C类）	耐火完整性≥1.00h		C1.0
	耐火完整性≥1.50h		C1.5
	耐火完整性≥2.00h		C2.0
	耐火完整性≥3.00h		C3.0

防火窗按照耐火性能分类表　　　　　　　　表 7-3

名称	耐火性能	代号
隔热防火窗 （A类）	耐火隔热性≥0.5h 耐火完整性≥0.5h	A0.5（丙级）
	耐火隔热性≥1.00h 耐火完整性≥1.00h	A1.0（乙级）
	耐火隔热性≥1.50h 耐火完整性≥1.50h	A1.5（甲级）
	耐火隔热性≥2.00h 耐火完整性≥2.00h	A2.0
	耐火隔热性≥3.00h 耐火完整性≥3.00h	A3.0
非隔热防火窗 （C类）	耐火完整性≥0.50h	C0.5
	耐火完整性≥1.00h	C1.0
	耐火完整性≥1.50h	C1.5
	耐火完整性≥2.00h	C2.0
	耐火完整性≥3.00h	C3.0

7.1.3 窗户采光和通风要求

为获取良好的天然采光，保证房间足够的照度，不同功能房间对采光系数有不同的要求，见表7-4，但房间的采光还和外窗的高、宽比例、窗外有无固定遮阳设施和外窗本身的采光性能有关。根据外窗安装后，在室内表面测得的透过外窗的照度与外窗安装前的照度之比称为透光折减系数 T_r 来划分，外窗自身的采光性能分为5级，见表7-5。自然通风是保证室内空气质量的最重要因素，在设计时，应保证外窗可开启面积，尽可能使房间空气对流。

不同建筑类型房间的采光要求 表7-4

建筑类别	采光等级	房间名称	侧面采光		顶部采光	
			采光系数标准值（%）	室内天然光照度标准值（lx）	采光系数标准值 Cmin（%）	室内天然光照度标准值（lx）
住宅建筑	Ⅵ	厨房	2.0	300		
	Ⅴ	卫生间、过道、楼梯间、餐厅	1.0	150		
办公建筑	Ⅱ	设计室、绘图室	4.0	600		
	Ⅲ	办公室、会议室	3.0	450		
	Ⅳ	复印室、档案室	2.0	300		
	Ⅴ	走道、楼梯间、卫生间	1.0	150		
教育建筑	Ⅲ	专用教室、阶梯教室、实验室、教师办公室	3.0	450		
	Ⅴ	走道、楼梯间、卫生间	1.0	150		
图书馆建筑	Ⅲ	阅览室、开架书库	3.0	450	2.0	300
	Ⅳ	目录室	2.0	300	1.0	150
	Ⅴ	书库、走道、楼梯间、卫生间	1.0	150	0.5	75
医院建筑	Ⅲ	诊室、药房、治疗室、化验室	3.0	450	2.0	300
	Ⅳ	候诊室、挂号处、综合大厅、医生办公室（护士室）	2.0	300	1.0	150
	Ⅴ	走道、楼梯间、卫生间	1.0	150	0.5	75

建筑外窗采光性能分级表 表7-5

分级	采光性能分级指标值
1	$0.20 \leqslant T_r < 0.30$
2	$0.30 \leqslant T_r < 0.40$
3	$0.40 \leqslant T_r < 0.50$
4	$0.50 \leqslant T_r$
5	$T_r \geqslant 0.60$

7.1.4 气密性、水密性和抗风压性能要求

门窗开启频繁，构件间缝隙较多，尤其是外门窗，如密闭不好则可能渗水和导致室外空气渗入。根据国家规范《建筑外门窗气密、水密、抗风压分级及检测方法》GB/T 7106—2008，采用在标准状态下，气压差为10Pa时的单位开启缝长空气渗透量 q_1 和单位面积空气渗透量 q_2 作为分级指标，将建筑外门窗气密性能分8级，1级气密性最差，8级最好。具体分级指标见表7-6。

建筑外门窗气密性能分级表   表7-6

分级	1	2	3	4	5	6	7	8
单位缝长分级指标值 q_1（$m^3/m \cdot h$）	$4.0 \geqslant q_1$ > 3.5	$3.5 \geqslant q_1$ > 3.0	$3.0 \geqslant q_1$ > 2.5	$2.5 \geqslant q_1$ > 2.0	$2.0 \geqslant q_1$ > 1.5	$1.5 \geqslant q_1$ > 1.0	$1.0 \geqslant q_1$ > 0.5	$q_1 \leqslant 0.5$
单位面积分级指标值 q_2（$m^3/m \cdot h$）	$12 \geqslant q_2$ > 10.5	$10.5 \geqslant q_2$ > 9.0	$9.0 \geqslant q_2$ > 7.5	$7.5 \geqslant q_2$ > 6.0	$6.0 \geqslant q_2$ > 4.5	$4.5 \geqslant q_2$ > 3.0	$3.0 \geqslant q_2$ > 1.5	$q_2 \leqslant 1.5$

根据严重渗漏压力差值的前一级压力差值为水密性分级指标，外门窗水密性分为6级，1级最差，6级最好。具体分级指标见表7-7。

建筑外门窗水密性能分级表   表7-7

分级	1	2	3	4	5	6
分级指标 ΔP（Pa）	$100 \leqslant \Delta P < 150$	$150 \leqslant \Delta P < 250$	$250 \leqslant \Delta P < 350$	$350 \leqslant \Delta P < 500$	$500 \leqslant \Delta P < 700$	$\Delta P \geqslant 700$

外门窗抗风压性能是指外门窗正常关闭状态时在风压作用下不发生损坏（如：开裂、面板破损、局部屈服、粘接实效等）和五金件松动、开启困难等功能障碍的能力，该性能分为9级。分级指标见表7-8。

建筑外门窗抗风压性能分级表   表7-8

分级	1	2	3	4	5	6	7	8	9
分级指标 P_3（kPa）	$1.0 \leqslant P_3$ < 1.5	$1.5 \leqslant P_3$ < 2.0	$2.0 \leqslant P_3$ < 2.5	$2.5 \leqslant P_3$ < 3.0	$3.0 \leqslant P_3$ < 3.5	$3.5 \leqslant P_3$ < 4.0	$4.0 \leqslant P_3$ < 4.5	$4.5 \leqslant P_3$ < 5.0	$P_3 \geqslant 5.0$

7.1.5 保温性能要求

外门窗是建筑围护结构主要的热交换部位，因此是建筑外围护结构保温、隔热设计的重点。改善门窗保温性能主要选择热阻大的材料和合理的门窗构造方式。根据建筑外门窗传热系数和玻璃门、外窗抗结露的能力将保温性能分为10级。1级保温性能最差，10级保温性能最好。设计时应根据建筑节能要求来选用等级。见表7-9、表7-10。

外门外窗传热系数分级表 表 7-9

分级	1	2	3	4	5
分级指标值 (W/m² · K)	$K \geqslant 5.0$	$5.0 > K \geqslant 4.0$	$4.0 > K \geqslant 3.5$	$3.5 > K \geqslant 3.0$	$3.0 > K \geqslant 2.5$
分级	6	7	8	9	10
分级指标值 (W/m² · K)	$2.5 > K \geqslant 2.0$	$2.0 > K \geqslant 1.6$	$1.6 > K \geqslant 1.3$	$1.3 > K \geqslant 1.1$	$K < 1.1$

玻璃门外窗抗结露因子分级表 表 7-10

分级	1	2	3	4	5
分级指标值	$CRF \leqslant 35$	$35 < CRF \leqslant 40$	$40 < CRF \leqslant 45$	$45 < CRF \leqslant 50$	$50 < CRF \leqslant 55$
分级	6	7	8	9	10
分级指标值	$55 < CRF \leqslant 60$	$60 < CRF \leqslant 65$	$65 < CRF \leqslant 70$	$70 < CRF \leqslant 75$	$CRF > 75$

注：抗结露能力是用抗结露因子来分级，抗结露因子是在稳定传热状态下，门、窗高温一侧的温度与室外气温差值与室内外温差的比值。

7.1.6 空气声隔声性能要求

建筑门窗空气声隔声性能是指门窗阻隔声音通过空气传播的能力，通常用 dB 来表示，外门、外窗主要按中低频噪音分级，内门、内窗主要按中高频噪音分级，根据建筑门窗空气声隔声性能分级标准分为 6 级，1 级隔声性能最差，6 级最好。

7.2 门窗的形式与尺度

门窗按制作的材料可分为木门窗、钢门窗、铝合金门窗、塑料门窗、彩板门窗等；按照不同功能有普通门窗、防火门窗、防辐射门窗等；按照开启方式可分为平开、推拉等，不论其材料如何，开启方式均大致相同。本节主要介绍不同开启形式门窗。

7.2.1 门的形式与尺度
1) 门的形式

门按其开启方式通常有：平开门、弹簧门、推拉门、折叠门、转门等。

（1）平开门

平开门是水平开启的门，它的铰链装于门扇的一侧与门框相连，使门扇围绕铰链轴转动。其门扇有单扇、双扇，向内开和向外开之分。平开门构造简单，开启灵活，加工制作简便，易于维修，是建筑中最常见、使用最广泛的门（图 7-1）。

（2）弹簧门

弹簧门的开启方式与普通平开门相同，所不同处是以弹簧铰链代替普通铰链，或安装特制的弹簧，借助弹簧的力量使门扇能向内、向外开启并可经常保持关闭。它使用方便，美观大方，广泛用于商店、学校、医院、办公和商业大厦。为避免人流相撞，门扇或门扇上部应镶嵌安全玻璃（图7-2、图7-3）。

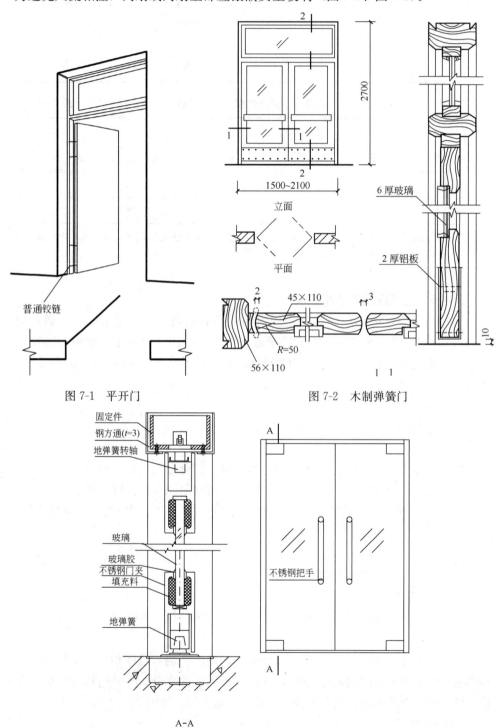

图 7-1　平开门

图 7-2　木制弹簧门

图 7-3　铝合金弹簧门

（3）推拉门

推拉门开启时门扇沿轨道向左右滑行。通常为单扇和双扇（图7-4a），也可做成双轨多扇或多轨多扇，开启时门扇可隐藏于墙内或悬于墙外。根据轨道的位置，推拉门可为上挂式和下滑式。当门扇高度小于4m时，一般作为上挂式推拉门，即在门扇的上部装置滑轮，滑轮吊在门过梁之预埋上导轨上，见图7-4(b)，当门扇高度大于4m时，一般采用下滑式推拉门，即在门扇下部装滑轮，将滑轮置于预埋在地面的下导轨上。为使门保持垂直状态下稳定运行，导轨必须平直，并有一定刚度，下滑式推拉门的上部应设导向装置，较重型的上挂式推拉门则在门的下部设导向装置。

推拉门开启时不占空间，受力合理，不易变形，但在关闭时难于严密，构造亦较复杂。多用在工业建筑中，较多用作仓库和车间大门。在民用建筑中，一般采用轻便推拉门分隔内部空间。

（4）折叠门

折叠门可分为侧挂式折叠门和推拉式折叠门两种。由多扇门构成，每扇门宽度500～1000mm，一般以600mm为宜，适用于宽度较大的洞口。侧挂式折叠门与普通平开门相似，只是门扇之间用铰链相连而成。当用铰链时，一般只能挂两扇门，不适用于宽大洞口。如侧挂门扇超过两扇时，则需使用特制铰链。

推拉式折叠门与推拉门构造相似，在门顶或门底装滑轮及导向装置，每扇门之间连以铰链，开启时门扇通过滑轮沿着导向装置移动（图7-5）。

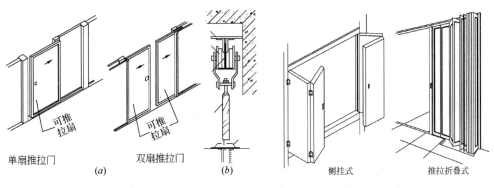

单扇推拉门　　　　双扇推拉门　　　(b)　　　　　侧挂式　　　　推拉折叠式
　　　　　　　　　(a)

图7-4　推拉门　　　　　　　　　　图7-5　折叠门
(a) 单、双扇推拉门；(b) 构造

折叠门开启时占空间少，但构造较复杂，一般用在公共建筑或住宅中作灵活分隔空间用。

（5）转门

转门是由两个固定的弧形门套和垂直旋转的门扇构成。门扇可分为三扇或四扇，绕竖轴旋转（图7-6）。转门对隔绝室外气流有一定作用，可作为寒冷地区公共建筑或全天候采暖空调的建筑的出入口的外门，但不能作为疏散门，当设置在疏散口时，需在转门两旁另设疏散用门。

•普通转门　普通转门为手动旋转结构，旋转方向通常为逆时，门扇的惯性转速可通过阻力调节装置按需要进行调整，普通转门按材质分为铝合金、钢质、

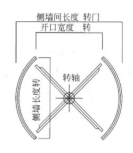

图 7-6 转门

钢木结合三种类型。铝合金转门采用转门专用挤压型材，由外框、圆顶、固定扇和活动扇四部分组成。钢结构和钢木结构中的金属型材为20号碳素结构钢无缝异形管，经加工冷拉成不同类型转门和转壁框架。

· 旋转自动门 又称圆弧自动门，属高级豪华用门。采用声波、微波或红外传感装置和电脑控制系统，传动机构为弧线旋转往复运动。旋转自动门有铝合金和钢质两种，现多采用铝合金结构，活动扇部分为全玻璃结构。其隔声、保温和密闭性能更加优良，具有两层推拉门的封闭效果。

（6）卷帘门

卷帘门是以多关节活动的门片串联在一起，在固定的滑道内，以门上方卷轴为中心转动上下的门。同墙一样能起到水平分隔的作用，它由导轨、卷轴、卷帘及驱动装置等组成（图 7-7）。一般用于店铺大门或不便用墙的分隔部位。有手动卷帘和电动卷帘。对于有防火要求的称为防火卷帘，应满足相应的耐火极限要求，见表 7-11。

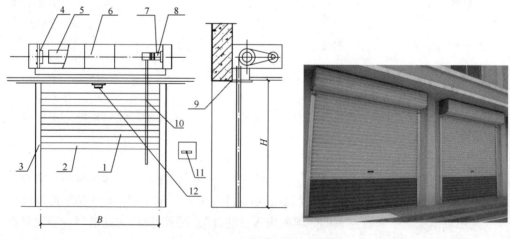

图 7-7 卷帘门

1—帘面；2—座板；3—导轨；4—支座；5—卷轴；6—箱体；7—限位器；
8—卷门机；9—门楣；10—手动拉链；11—控制箱；12—感温、感烟探测器

防火卷帘耐火极限分类表　　　　　　表 7-11

名称	名称符号	代号	耐火极限 h	帘面漏烟量 m³/m² · min
钢质防火卷帘	GFJ	F2	≥2.00	
		F3	≥3.00	
钢制防火卷帘、防烟帘	GFYJ	FY2	≥2.00	≤0.2
		FY3	≥3.00	
无机纤维复合防火卷帘	WFJ	F1	≥2.00	
		F3	≥3.00	
无机纤维复合防火卷帘、防烟卷帘	WFYJ	FY2	≥2.00	≤0.2
		FY3	≥3.00	
特级防火卷帘	TFJ	TF3	≥3.00	≤0.2

2）门的尺度

门的尺度通常是指门洞的高宽尺寸。门作为交通疏散，其尺度取决于人的通行要求，家具器械的搬运及与建筑物的比例关系等，并要符合现行《建筑模数协调统一标准》的规定。

门的高度：一般民用建筑门的高度不宜小于 2100mm。如门设有亮子时，亮子高度一般为 300～600mm，则门洞高度为门扇高加亮子高，再加门框及门框与墙间的缝隙尺寸，即门洞高度一般为 2400～3000mm。公共建筑大门高度可视需要适当提高。

门的宽度：单扇门为 700～1000mm，双扇门为 1200～1800mm。宽度在 2100mm 以上时，则多做成三扇、四扇门或双扇带固定扇的门，因为门扇过宽易产生翘曲变形，同时也不利于开启。辅助房间（如浴厕、贮藏室等），门的宽度可窄些，一般为 700～800mm。

为了使用方便，一般民用建筑门（木门、铝合金门、塑料门），均编制成标准图，在图上注明类型及有关尺寸，设计时可按需要直接选用。

7.2.2 窗的形式与尺度

1）窗的形式

窗的开启方式主要取决于窗扇铰链安装的位置和转动方式。窗扇的开启形式应方便使用、安全和易于维修、清洗。通常窗的开启方式有以下几种：

（1）平开窗

铰链安装在窗扇一侧与窗框相连，向外或向内水平开启。平开窗有单扇、双扇、多扇及向内开与向外开之分。平开窗构造间单，开启灵活，实际开启面积大，对建筑通风有利，且气密性较好，但向外开启，应加强牢固窗扇的措施（图 7-8a）。

（2）固定窗

无窗扇、不能开启的窗为固定窗。固定窗的玻璃直接嵌固在窗框上，可供采光和眺望之用，不能通风。固定窗构造简单，密闭性好，多与门亮子和开启窗配合使用（图 7-8*b*）。

（3）推拉窗

推拉窗分水平推拉和上下推拉两种（图 7-9*a*、*b*）。水平推拉一般是在窗扇上下设滑槽，上下推拉需要升降及制约措施。推拉窗因开启时不占室内空间，窗扇受力状态好，是民用建筑中使用最广泛的窗。窗扇及玻璃尺寸可较平开窗大，因此使用非常广泛，但通风面积受限，且气密性较差。

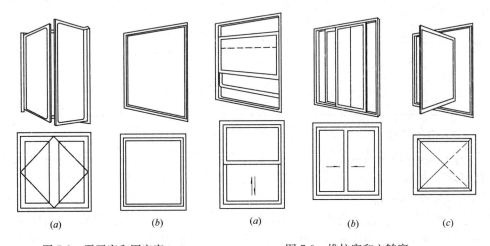

图 7-8 平开窗和固定窗　　　　　　　图 7-9 推拉窗和立转窗

（*a*）平开窗；（*b*）固定窗　　　（*a*）上下推拉窗；（*b*）水平推拉窗；（*c*）立转窗

（4）悬窗

根据铰链和转轴位置的不同，可分为上悬窗、中悬窗和下悬窗（图 7-10）。

上悬窗铰链安装在窗扇的上边，一般向外开防雨好，多采用作外门和门上的亮子（图 7-10*a*）。

下悬窗铰链安在窗扇的下边，一般向内开，不防雨，通风较好（图 7-9*c*）。

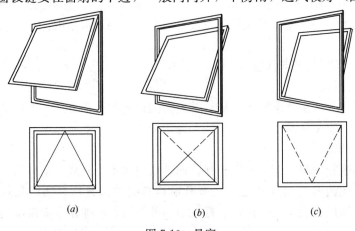

（*a*）　　　　　　　（*b*）　　　　　　　（*c*）

图 7-10 悬窗

（*a*）上悬窗；（*b*）中悬窗；（*c*）下悬窗

中悬窗是在窗扇两边中部装水平转轴，开启时窗扇绕水平轴旋转，开启时窗扇上部向内，下部向外，对挡雨、通风有利，并且开启易于机械化，故常用作大空间建筑的高侧窗，也可用于外窗或用于靠外廊的窗（图 7-10b）。

此外还有立转窗（图 7-9c）、推拉折叠窗等。

2）窗的尺度

窗的尺度主要取决于房间的采光通风、构造做法和建筑造型等要求，并要符合《建筑模数协调统一标准》GB/T 50002—2013 的规定。对一般民用建筑用窗，各地均有通用图，需要时只要按所需类型及尺度大小直接选用。

确定窗洞口大小的因素很多，其主要因素为满足房间有足够的采光。因而应进行房间的采光计算，其采光系数应符合表 7-5 的规定。

7.3 门窗构造

门窗的构造与材料选择有关。很多材料都可以用来制作门，常用的门窗材料有木材、各种金属、塑料、玻璃等。门窗可以用单一材料制作，也可以由多种材料组合制作。

7.3.1 木门构造

用木材制作门窗是较为传统的用材方式。木材易于裁切加工，可以和不同材料根据造型设计需要进行组合。由于其耐久性和强度的限制，近年来，木窗的使用已经较少，一般在有特定的装饰性要求时采用。木门在室内仍然得到广泛采用。

1）平开门的组成

平开门一般由门框、门扇、亮子、五金零件及其附件组成（图 7-11）。

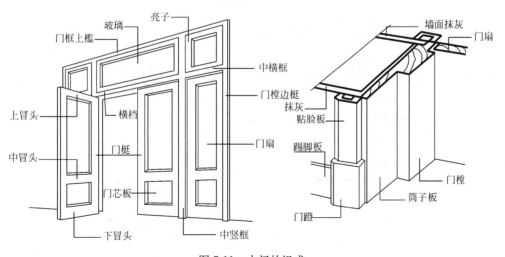

图 7-11 木门的组成

门扇按其构造方式不同，有镶板门、夹板门、拼板门、玻璃门和纱门等类型。亮子又称腰头窗，在门上方，为辅助采光和通风之用，有平开、固定及上中下悬几种。

171

门框是门扇、亮子与墙的联系构件。

五金零件一般有铰链、插销、门锁、拉手、门碰头等。

附件有贴脸板、筒子板等。

2）门框

门框又称门樘，一般由两根竖直的边框和上框组成。当门带有亮子时，还有中横框。多扇门则还有中竖框（图7-12）。

门框的断面形式与门的类型、层数有关，同时应利于门的安装，并应具有一定的密闭性，见图7-13。门框的断面尺寸主要考虑接榫牢固与门的类型，还要考虑制作时刨光损耗，毛断面尺寸应比净断面尺寸大些。

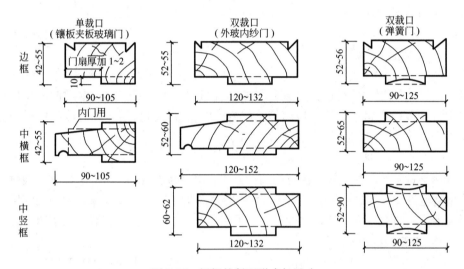

图 7-12　门框的断面形式与尺寸

门框的安装根据施工方式分后塞口和先立口两种（图7-13）。

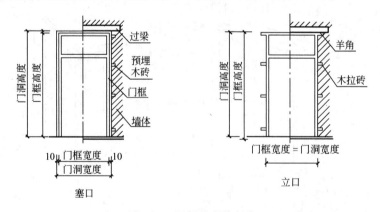

图 7-13　门框的安装方式

塞口（又称塞樘子），是在墙砌好后再安装门框。采用此法，洞口的宽度应比门框大 20～30mm，高度比门框大 10～20mm。门洞两侧墙上每隔 500～600mm 预埋木砖或预留缺口，以便用圆钉或水泥砂浆将门框固定。框与墙间的缝隙需用沥青麻丝嵌填（图 7-14）。

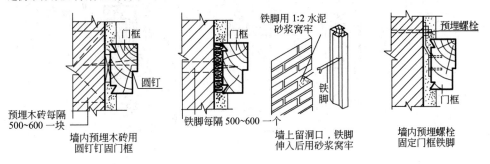

图 7-14 塞口门框在墙上安装

立口（又称立樘子）在砌墙前即用支撑先立门框然后砌墙。框与墙的结合紧密，但是立樘与砌墙工序交叉，施工不便。

门框在墙中的位置，可在墙的中间或与墙的一边平（图 7-15）。一般多与开启方向一侧平齐，尽可能使门扇开启时贴近墙面。门框四周的抹灰极易开裂脱落，因此在门框与墙结合处应做贴脸板和木压条盖缝，装修标准高的建筑，还可在门洞两侧和上方设筒子板（图 7-15a）。

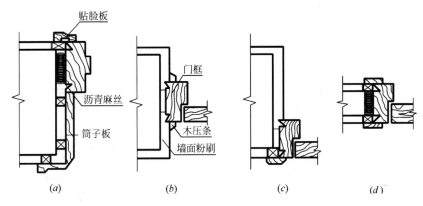

图 7-15 门框位置、门贴脸板及筒子板
(a) 外平；(b) 立中；(c) 内平；(d) 内外平

3）门扇

常用的木门门扇有镶板门（包括玻璃门、纱门）和夹板门。

镶板门

镶板门门扇由边梃、上冒头、中冒头（可作数根）和下冒头组成骨架，内装门芯板而构成（图 7-16）。构造简单，加工制作方便，适于一般民用建筑作内门和外门。

门芯板一般采用 10～12mm 厚的木板拼成，也可采用胶合板、硬质纤维板、塑料板、玻璃和塑料纱等。当采用玻璃时，即为玻璃门，可以是半玻璃门或全玻门。若门芯板换成塑料纱（或铁纱）。

夹板门

是用断面较小的方木做成骨架，两面粘贴面板而成（图 7-17）。门扇面板可

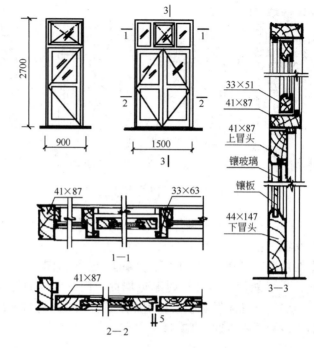

图 7-16　镶板门的构造

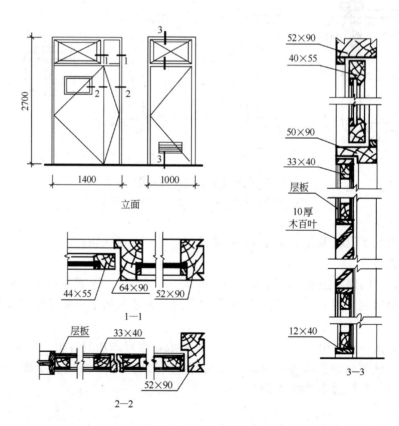

图 7-17　夹板门构造

用胶合板、塑料面板和硬质纤维板。面板和骨架形成一个整体，共同抵抗变形。夹板门的形式可以是全夹板门、带玻璃或带百页夹板门。

镶板门和夹板门是木门扇构造的常用方式。根据门扇的造型以及功能需要，金属铁艺和玻璃等材料可以与木门不同部位的配件进行组合和替换，形成丰富多元的成品装饰木门。

7.3.2　铝合金门窗

1）铝合金门窗的特点及设计选用

铝合金门窗是当前得到大量推广使用的门窗类型，可用于建筑的室内外不同部位。铝合金门窗具有以下优点：

（1）质量轻。铝合金门窗用料省、质量轻。

（2）性能好。铝合金门窗的密封性好，气密性、水密性、隔声性、隔热性都比木门窗有显著的提高。在装设空调设备的建筑中，对防潮、隔声、保温、隔热有特殊要求的建筑中，以及多台风、多暴雨、多风砂地区的建筑中更有优势。

（3）耐腐蚀、坚固耐用。铝合金门窗经工厂成型加工后，材料表层不褪色、不脱落，不需要使用中的维修。材料轻质高强，开闭轻便灵活。

（4）色泽美观。铝合金门窗的框料型材表面经过氧化着色处理，除了铝材的银白色，还可以制成各种颜色或花纹，表面光洁，色泽牢固，可以更多元地满足设计选材要求。

铝合金门窗的设计选用首先同样要满足门窗的性能要求。

设计中铝合金门窗的选用可以参考国家和地方的相关图集，一些生产门窗的企业也有自己的门窗图集。图集所提供的定型产品，作为大量生产的门窗制品，在性能上提供有相关标准，便于核对产品是否符合门窗的性能要求。门窗可尽量使用定型产品进行组合，形成组合门窗。对于非定型门窗，根据设计选用的部位，需要对门窗的性能进行计算或检测，以确保满足使用功能和安全的要求。

铝合金材料的传热系数较大，一般不能单独作为节能门窗的框料，应采取表面喷塑或其他断热处理技术来提高热阻。近年来常用的断热型铝合金门窗是一种适用性较广的节能门窗。断热型铝合金门窗框是指采用高强度非金属材料将铝合金型材进行内外隔断，达到断热的效果。同时，在门窗玻璃选择上也常常需要选择带有空腔的双层真空隔热玻璃。玻璃和空腔的厚度，需要通过节能计算进行确定。这使得断热型铝合金门窗的框料需要承担更大的材料自重，以及节能要求下更好的性能要求。

铝合金门的开启方式有平开和推拉方式，窗的开启方式除了平开和推拉，还可以采用不同方式的悬窗。采用平开方式的铝合金窗，通常会在窗框设置限位装置，避免大风对开启扇的破坏，也增强了防止开启扇坠落的安全性，外平开方式不宜在高层建筑外墙使用。铝合金推拉窗使用较多，不占用建筑室内外空间，用于建筑外墙时，需要注意窗框下框推拉槽的排水，一般会在窗户推拉框外侧每隔一定距离设置排水孔。同时，外墙推拉窗需注意上下推拉槽与窗扇间的牢固安装，避免推拉中滑落。

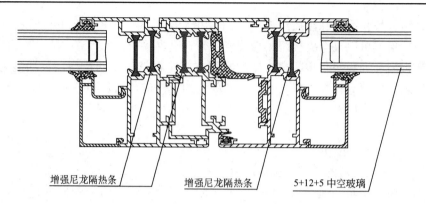

增强尼龙隔热条　　　增强尼龙隔热条　　　5+12+5 中空玻璃

图 7-18　断热铝合金窗断面示例

2）铝合金门窗的型材及安装

铝合金门窗的框料，根据不同生产厂家的工艺设计，有多种型材可以选择。通常会以框料的厚度构造尺寸来区别各种铝合金门窗的称谓，如：平开门门框厚度构造尺寸为 50mm 宽，即称为 50 系列铝合金平开门，推拉窗窗框厚度构造尺寸 90mm 宽，即为 90 系列铝合金推拉窗等。铝合金门窗设计通常采用定型产品，选用时应根据不同地区，不同气候，不同环境，不同建筑物的使用要求和结构性能要求，选用不同的门窗框系列。

图 7-19 为 70 系列铝合金推拉窗的示例。

铝合金门窗是表面处理过的铝材经下料、打孔、铣槽、攻丝等加工，制作成门窗框料的构件，然后与连接件、密封件、开闭五金件一起组合装配成门窗（图 7-20）。

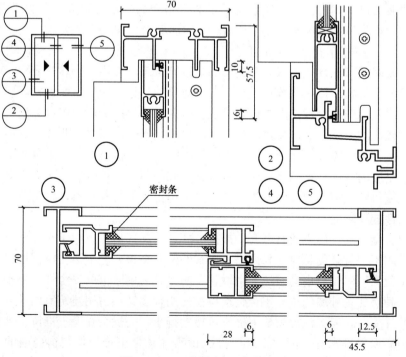

密封条

图 7-19　70 系列铝合金推拉窗

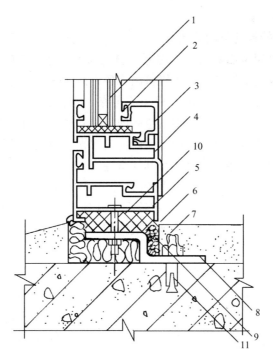

图 7-20　铝合金门窗下框安装节点

1—玻璃；2—橡胶条；3—压条；4—内扇；5—外框；6—密封膏；

7—砂浆；8—地脚；9—软填料；10—塑料垫；11—膨胀螺栓

门窗框固定好后与门窗洞四周的缝隙，一般采用软质保温材料填塞后，槽口用密封膏密封。这种做法主要是为了防止门、窗框四周形成冷热交换区产生结露，影响防寒、防风的正常功能和墙体的寿命。同时，避免了门窗框直接与混凝土、水泥砂浆接触，消除了碱对门、窗框的腐蚀。

寒冷地区或有特殊要求的房间，可采用双层窗。双层窗有不同的开启方式，需要在安装时注意窗扇开启的可行性。常用的有内层窗内开、外层窗外开（图 7-21a）和双层均外开的方式（图 7-21b）。

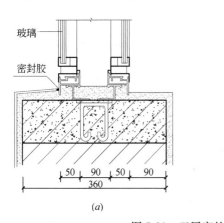
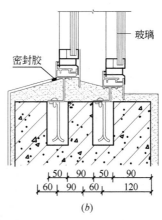

(a)　　　　　　　　　　　(b)

图 7-21　双层窗的下框安装

（a）外窗外开，内窗内开；（b）双层均内开

7.3.3　塑钢门窗

1）塑钢门窗的特点及设计选用

塑钢门窗是以聚氯乙烯树脂为主要原料，加上一定比例的稳定剂、着色剂、填充剂、紫外线吸收剂等，经挤压机挤出成各种截面的空腹门窗型材，再通过切割、焊接或螺接的方式，配以密封胶条、毛条、五金件等，制成门窗框扇。同时，为增强型材的刚性，需要在型材空腔内填加起加强作用的钢衬或铝衬。

塑钢门窗线条清晰、挺拔，造型美观，表面光洁细腻，不但具有良好的装饰性，而且有良好的隔热性和密封性。其气密性为木窗的 3 倍，铝窗的 1.5 倍；热损耗为金属窗的 1/1000；隔声效果比铝窗高 30dB 以上。同时，塑料本身也具有一定的耐腐蚀等功能，表层不用另外做涂饰处理，可节约施工时间及费用。因此，在国外发展很快，在建筑上得到大量应用。使用中需注意满足门窗的抗侧压性能，在高层建筑中使用尤其需要慎重。

2）塑钢门窗的型材及安装

塑钢门窗的型材类型，同样是按其塑钢门窗型材断面的尺度分为若干系列。常用的有 60 系列、80 系列、88 系列。不同的系列在型材强度上差异较大，对于门窗在构造组成由不同的限定，在建筑适用范围上也有所不同，参见表 7-12。

<table>
<tr><td colspan="2">塑钢门窗型材系列　　　　　　　　　　　　　　　　表 7-12</td></tr>
<tr><td>型材系列名称</td><td>适用范围及选用要点</td></tr>
<tr><td>60 系列</td><td>主型材为三腔，可制作固定窗、普通内外平开窗、内开下悬窗、外开下悬窗；单窗。可安装纱窗。内开可用于高层，外开不适于高层</td></tr>
<tr><td>80 系列</td><td>主型材为三腔，可安装纱窗。窗型不宜过大，适合用于 7～8 住宅层</td></tr>
<tr><td>88 系列</td><td>主型材为三腔，可安装纱窗。适用于 7～8 层以下建筑。只有单玻设计，适合南方地区</td></tr>
</table>

塑钢门窗应采取预留洞口的方法安装，不得采用边安装边砌口或先安装后砌口的施工方法。当门窗采用预埋木砖法与墙体连接时，其木砖应进行防腐处理。塑钢门窗外饰面在施工时，应采取保护措施。图 7-22 为塑钢门窗与钢筋混凝土

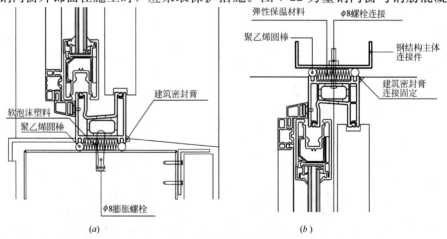

（a）　　　　　　　　　　　　　（b）

图 7-22　塑钢门窗安装示例

（a）用膨胀螺栓与钢筋混凝土结构连接；（b）用螺栓与钢结构主体连接体连接

及钢结构主体连接的安装示例。

7.4 门窗保温隔热

建筑门窗是建筑围护结构中热工性能最薄弱的部位，其能耗约占到围护结构总能耗的 40%～50%，同时它也是建筑中的得热构件，可以通过太阳光透射入室内而获得太阳热能，因此是影响建筑室内热环境和建筑节能的重要因素。

门窗要达到好的节能效果，其选择应根据当地气候条件，建筑功能要求，建筑形式等因素综合考虑，满足国家节能设计标准对门窗设计指标的要求。

7.4.1 门窗节能设计规定指标

在建筑设计中，根据建筑所处地区的气候分区，建筑外门窗的热工性能有对应的规定。除了前面讲到的门窗气密性，还有窗墙比、传热系数、门窗综合遮阳系数、可见光透射比等要求。设计者应对相关规定有所了解，避免设计中出现较大的节能问题。

1) 窗墙比

窗墙比是窗户面积与窗户所在该墙面积的比值。不同地区、不同朝向的太阳辐射强度和日照率不同，窗户所获得的热也不相同，因此，南向应大些，其他朝向窗墙比应小些。各地区节能设计标准对不同建筑功能和各朝向的窗墙比限值都有详细的规定。

2) 传热系数

不同外门窗材料、构造方法其传热系数也不相同，外门窗传热系数应根据计量认证质检机构提供的检测值采用。常见外门窗传热系数见表 7-13。

常用建筑外门窗传热系数和遮阳系数　　　　表 7-13

类型		建筑户门、外窗及阳台门名称	传热系数 K （W/m²·k）	遮阳（遮蔽）系数 （SC）
门		多功能户门（具有保温、隔声、防盗等功能）	1.5	
		夹板门或蜂窝夹板门	2.5	
		双层玻璃门	2.5	
窗	铝合金	单层普通玻璃窗	6.0～6.5	0.8～0.9
		单框普通中空玻璃窗	3.6～4.2	0.75～0.85
		单框低辐射中空玻璃	2.7～3.4	0.4～0.44
		双层普通玻璃窗	3.0	0.75～0.85
	断热 铝合金	单框普通中空玻璃窗	3.3～3.5	0.75～0.85
		单框低辐射中空玻璃窗	2.3～3.0	0.4～0.55
	塑料	单层普通玻璃窗	4.5～4.9	0.8～0.9
		单框普通中空玻璃窗	2.7～3.0	0.75～0.85
		单框低辐射中空玻璃窗	2.0～2.4	0.4～0.55
		双层普通玻璃窗	2.3	0.75～0.85

3）门窗综合遮阳系数

对南方炎热地区，在强烈的太阳辐射条件下，阳光直射室内，将严重影响建筑室内热环境，外窗应采取适当遮阳措施，以降低建筑空调能耗，避免炫光。外窗遮阳效果是外窗本身遮阳和建筑外遮阳的共同作用效果。

外窗的遮阳效果用综合遮阳系数（SC）来衡量，其影响因素有外窗本身的遮阳性能和外遮阳的遮阳性能。

有外遮阳时：综合遮阳系数（SC）＝外窗遮阳系数（SC_C）×外遮阳系数（SD）

无外遮阳时：综合遮阳系数（SC）＝外窗遮阳系数（SC_C）

外窗本身的遮阳系数（SC_C）＝玻璃遮阳系数 SC_B×（1－窗框面积 F_K/窗面积 F_C）

建筑设计中可以结合立面造型，运用钢筋混凝土构件作固定遮阳处理，也可以结合外立面，根据季节变化设置活动遮阳。

4）可见光透射比

可见光投射比是指可见光透过透明材质的光通量与投射在其表面的光通量之比。表明透光材质透光性能的好坏，对于公共建筑，当建筑窗墙比小于 0.4 时，玻璃（或其他透明材质）的可见光透射比不应小于 0.4。

5）门窗气密性

按照本章第一节所讲，门窗气密性按照分级标准分为 8 级，其选择应根据当地气候条件，如夏热冬冷地区居住建筑 1～6 层外窗及阳台门不应低于 4 级，7 层及 7 层以上的外窗和阳台门不应低于标准规定的 6 级。

7.4.2　门窗保温隔热设计

1）选择适宜的窗墙比

仅从节约建筑能耗来说，窗墙比越小越好，但窗墙比过小又会影响窗户的正常采光、通风和太阳能利用。因此应根据建筑所处的气候分区，建筑类型、使用功能、门窗方位等选择适宜的窗墙比，达到既满足建筑造型的需要又能符合建筑节能的要求。

夏热冬冷地区居住建筑不同朝向外窗的窗墙面积比限值见表 7-14。

夏热冬冷地区居住建筑窗墙比限值　　　　　　　　　　　　表 7-14

朝向	窗墙比	朝向	窗墙比
北	0.40	南	0.45
东、西	0.35	每套房允许一个房间	0.60

2）加强门窗的保温隔热性能

改善门窗的保温性能主要是提高热阻，选用导热系数小的门窗框、玻璃材料，从门窗的制作、安装提高其气密性能。

门窗的隔热性能在南方炎热地区，尤其重要，提高隔热性能主要靠两方面的途径：一是采用合理的建筑外遮阳，结合立面造型，运用钢筋混凝土构件作遮阳处理，设计挑檐、遮阳板、活动遮阳等措施；二是选择玻璃时，选用合适遮蔽系数，也可以采用对太阳红外线反射能力强的热反射材料贴膜。

（1）建筑遮阳的设计依据

① 地理气候

建筑所处的纬度越低，天气越热，纬度越高，天气越冷。在高纬度地区，由于夏天热的时间短，冬天冷的时间长，一般可以不遮阳。但在中低纬度的南方地区，夏季热的时间长，冬季冷的时间短甚至没有冬天，应加强夏季遮阳，防止建筑过热。

② 窗口朝向

窗口的朝向不同，太阳射入的热量也不同，且照射的深度和时间长短也不一样。东、西窗传入的热量比南窗将近大一倍，北窗最小。当东、西窗未开窗时，则应加强南向窗的遮阳。东、西窗的太阳辐射量接近，但太阳照射时段的气温不同。太阳照射西窗的时间正是气温达到最高的时候，影响较大，因此，西窗遮阳较其他朝向的窗重要。

朝向不同的窗口，要求不同形式的遮阳，如果遮阳形式选择不当，遮阳效果就大大降低或是造成浪费。

③ 房间功能

用途不同的房间，对遮阳的要求也不同。不允许阳光射进的特殊建筑，如博物馆、书库等，就应当按全年完全遮阳来进行设计；一般公共建筑物，主要是防止室内过热，不需要全年完全遮阳，而是按一年中气温最高的几个月和这段时间内每天中的某几个小时的遮阳来设计；

（2）建筑遮阳的类型

遮阳的种类很多，按照与建筑物的关系，可以分为固定遮阳、活动遮阳和绿化遮阳三类。

① 固定遮阳往往结合立面造型，运用建筑构件作遮阳处理，分为水平式遮阳、垂直式遮阳、综合式遮阳，以及挡板式遮阳。

水平式遮阳

能够遮挡高度角较大的、从窗口上方射来的阳光。适用于南向窗口和北回归线以南的低纬度地区的北向窗口（图 7-23a）。

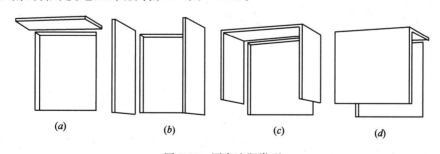

（a）　　　　　（b）　　　　　（c）　　　　　（d）

图 7-23　固定遮阳类型

垂直式遮阳

能够遮挡高度角较小的、从窗口两侧斜射来的阳光。适用于偏东、偏西的南或北向窗口（图 7-23b）。

综合式遮阳

水平式和垂直式的综合形式，能遮挡窗口上方和左右两侧射来的阳光。适用于南、东南、西南的窗口以及北回归线以南低纬度地区的北向窗口（图7-23c）。

挡板式遮阳

能够遮挡高度角较小的、正射窗口的阳光，适用于东西向窗口（图7-23d）。

在设计建筑固定遮阳时，应结合外窗朝向与建筑形态、综合考虑，见图7-24。

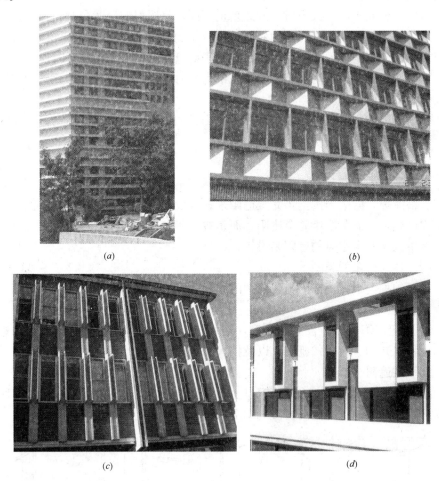

(a)　　　　　　　　　　　(b)

(c)　　　　　　　　　　　(d)

图 7-24　固定遮阳在建筑中的运用
(a) 水平遮阳；(b) 垂直遮阳；(c) 综合遮阳；(d) 挡板遮阳

② 活动遮阳

由于建筑室内对阳光的需求是随时间、季节变化的，而太阳高度角度也是随气候、时间不同而不同，因而采用便于拆卸的活动遮阳和可调节角度的活动式遮阳对于建筑节能和满足使用要求均更好。近年来在国内外大量运用的各种活动轻型遮阳，常用不锈钢、铝合金及塑料等材料制作（图7-25）。

③ 绿化遮阳

有些建筑，特别是低层建筑，可以依托建筑与环境的条件，利用绿化遮阳。这

图 7-25 活动遮阳

既有利于建筑与环境的美化，也是一种经济、有效的技术措施。在窗外一定距离种树或攀援植物的水平棚架能起到水平式遮阳的作用，垂直棚架能起到挡板式或综合式遮阳的作用。且落叶植物能随着季节的变化赋予建筑不同的景观（图 7-26）。

图 7-26 绿化遮阳

复习思考题

1. 门窗的作用和要求？
2. 门的形式有哪几种，各自的特点和适应范围？
3. 窗的形式有哪几种，各自的特点和适应范围？
4. 平开门的组成和门框的安装方式？
5. 铝合金门窗的特点？各种铝合金门窗系列的称谓是如何确定的？
6. 简述铝合金门窗的安装要点。
7. 简述塑料门窗的优点。
8. 遮阳的类型有哪些？请用简图表达。

第 8 章
基　础

Chapter 8

Foundation

8.1 地基与基础的基本概念

基础是地面以下的承重构件，它承受建筑物上部结构传下来的全部荷载，并把这些荷载连同本身的重量一起传到地基上。地基则是承受由基础传下的荷载的土体或岩体。地基承受建筑物荷载而产生的应力和应变随着岩土层深度的增加而减小，在达到一定深度后就可忽略不计。直接承受建筑荷载的岩土层为持力层。持力层以下的岩土层为下卧层（图 8-1）。

基础是建筑的重要组成部分，而地基与基础又密切相关，若地基或基础一旦出现问题，就难以补救。从工程造价上看，一般 4、5 层民用建筑，其基础工程的造价约占总造价的 10%～20%。

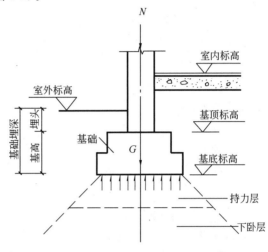

图 8-1 基础的组成

8.1.1 天然地基与人工地基

1) 天然地基

凡具有足够承载力，不需经过人工加固，可直接在其上建造建筑的岩土层称为天然地基。

天然地基的岩土层分布及承载力大小由勘察部门实测提供。作为建筑地基的岩土分为岩石、碎石土、砂土、粉土、黏性土和人工填土。

（1）岩石

岩石为颗粒间牢固连接，呈整体或具有节理裂隙的岩体。岩石根据其坚固性可分硬质岩石（花岗岩、玄武岩等）和软质岩石（页岩、黏土岩等）；根据其风化程度可分为未风化岩石、微风化岩石、中等风化岩石、强风化岩石和全风化岩石。

（2）碎石土

碎石土为粒径大于 2mm 的颗粒含量超过全重 50% 的土。碎石土根据颗粒形状和粒组含量又分漂石、块石（粒径大于 200mm）；卵石、碎石（粒径大于 20mm）；圆砾、角砾（粒径大于 2mm）。碎石土地基承载力特征值约在 200～1000kPa。

（3）砂土

砂土为粒径大于 2mm 的颗粒含量不超过全重的 50%，粒径大于 0.075mm 的颗粒超过全重 50% 的土。根据其粒径大小和占全重的百分率不同，砂土又分为砾砂、粗砂、中砂、细砂、粉砂五种。砂土地基的承载力特征值约在 140～500kPa。

（4）粉土

粉土为介于砂土与粘性土之间，塑性指数 $I_p \leqslant 10$ 且粒径大于 0.075mm 的颗粒含量不超过全重 50% 的土。粉土地基的承载力特征值约为 $105\sim410$kPa。

（5）黏性土

黏性土为塑性指数 $I_p > 10$ 的土，按其塑性指数值的大小又分为黏土和粉质黏土两大类。黏性土地基的承载力标准值特征值约为 $105\sim475$kPa。

（6）人工填土

人工填土是由于人类活动而形成的堆积土。物质成分较杂乱，均匀性差，根据组成物质或堆积方式，又可分为素填土（由碎石、砂土、黏性土等组成）、杂填土（含大量建筑垃圾及工业、生活废料等）、冲填土（水力冲填泥砂形成）等。人工填土地基的承载力特征值约为 $65\sim160$kPa。

2）人工地基（地基处理）

当土层的承载力较差或虽然土层较好，但上部荷载甚大时，为使地基具有足够的承载能力，可以对土层进行人工加固，这种经人工处理的土层，称为人工地基。

常用的人工加固地基方法有重锤夯实、机械辗压、灰土井桩、振动冲水、换土垫层、振动压实、灰土密桩、砂桩等（图 8-2）。

8.1.2　基础的埋置深度

由室外设计地面到基础底面的距离，称为基础的埋置深度，也简称为基础埋深。基础埋深不大于 5m 者为浅基础，大于 5m 者为深基础。在满足地基稳定和变形要求的前提下，基础宜浅埋，当上层地基的承载力大于下层土时，宜利用上层土作持力层。除岩石地基外，基础埋深不宜小于 0.5m（图 8-3）。

影响基础埋深的因素及技术措施见表 8-1。

基础埋深影响因素及技术措施　　　　　　　　　　　　　　表 8-1

基础埋深影响因素	技术措施
1. 建筑物用途、上部荷载大小与性质	抗震设防区的高层建筑筏形基础、箱形基础埋深不宜小于建筑高度的 1/15；桩箱或桩筏基础的埋深（不计桩长）不宜小于建筑高度的 1/18
2. 工程水文地质条件	基础宜埋置在地下水位以上；当必须埋在地下水位以下时，应采取地基土在施工时不受扰动的措施
3. 相邻基础的基础埋深	相邻基础的新基础埋深不宜大于原有基础；当新基础埋深大于原有基础时，新旧基础应保持一定净距（图 8-4）
4. 地基冻胀和融陷的影响	季节性冻土地区基础埋深宜大于场地冻结深度

注：本表根据《建筑地基基础设计规范》GB 50007—2011 编制。

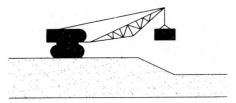

利用重锤从高处落下,夯实地基土,提高地基承载力,减少沉降,并可消除液化,适用于地下水位低的地基加固

(a)

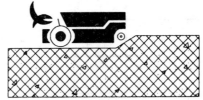

利用机械对地基土进行辗压,适用于工业废料建筑垃圾组成的薄层表土杂填土地基,压实后能减少地基的不均匀性

(b)

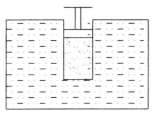

地基中做灰土井,也起挤密排水作用,用于厚度不大于5m的淤泥质软土

(c)

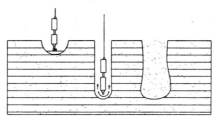

适用于松砂地基加密、液化砂土加固,使复合地基承载力提高,压缩性减少

(d)

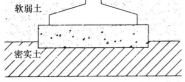

用砂垫层、灰土垫层换去软弱土,将垫层作为持力层,达到加固的目的,此办法适用于浅层软弱土的处理

(e)

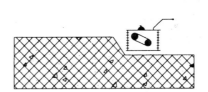

用打夯机对地基进行振动压实,适用于含少量黏土的工业废料,建筑垃圾和炉灰填土地基,可减少沉降

(f)

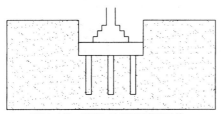

利用灰土桩,挤密加固,适用于软弱地基,效果较好,加固后可提高地基承载力

(g)

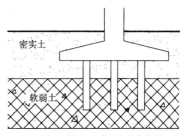

地基土打入砂桩,起挤密和排水作用适用于厚度不厚的软黏土和杂填土地基

(h)

图 8-2　常用的人工加固地基的方法

(a) 重锤夯实;(b) 机械辗压;(c) 灰土井桩;(d) 振动冲水;

(e) 换土垫层;(f) 振动压实;(g) 灰土密桩;(h) 砂桩

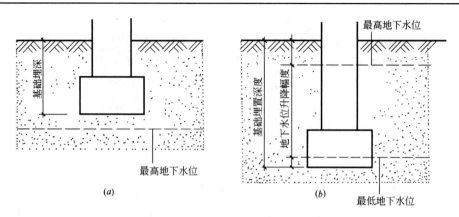

图 8-3　地下水位与基础埋深

8.2　基础的类型

研究基础的类型是为了经济合理地选择基础的形式和材料，确定其构造，对于民用建筑的基础，可以按形式、材料和传力特点进行分类：

8.2.1　按基础的形式分类

基础的类型按其形式不同可以分为条形基础、独立式基础和联合基础。

（1）条形基础

基础为连续的条形，也叫条形基础。当地基条件较好、基础埋置深度较浅时，墙承式的建筑多采用条形基础，以便传递连续的条形荷载。条形基础常用砖、石、混凝土等材料建造。当地基承载能力较小，荷载较大时，承重墙下也可采用钢筋混凝土条形基础（图 8-5）。

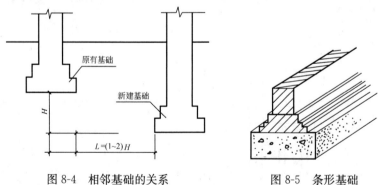

图 8-4　相邻基础的关系　　　　图 8-5　条形基础

（2）独立式基础

独立式基础呈独立的块状，形式有台阶形、锥形、杯形等（图 8-6）。独立式基础主要用于柱下。在墙承式建筑中，当地基承载力较弱或埋深较大时，为了节约基础材料，减少土石方工程量，加快工程进度，亦可采用独立式基础。为了支承上部墙体，在独立基础上可设梁或拱等连续构件。

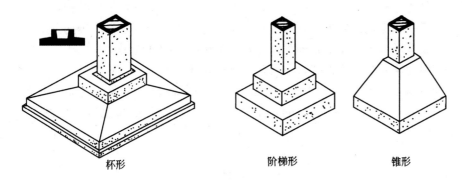

图 8-6　独立式基础

（3）联合基础

联合基础类型较多，常见的有柱下条形基础、柱下十字交叉基础、筏形基础和箱形基础。

当柱子的独立基础置于较弱地基上时，基础底面积可能很大，彼此相距很近甚至碰到一起，这时应把基础连起来，形成柱下条形基础、柱下十字交叉基础（图 8-7*a*、*b*）。

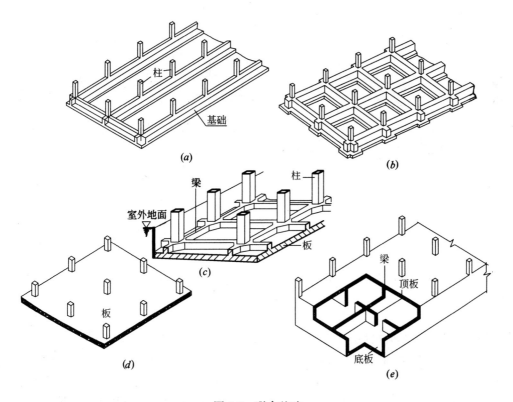

图 8-7　联合基础

（*a*）柱下条形基础；（*b*）柱下十字交叉基础；（*c*）梁板式基础；
（*d*）平板式基础；（*e*）箱形基础

如果地基特别弱而上部结构荷载又很大，即使做成联合条形基础，地基的承载力仍不能满足设计要求时，可将整个建筑物的下部做成一整块钢筋混凝土梁或板，形成筏形基础。筏形基础整体性好，可跨越基础下的局部软弱土。片筏基础根据使用的条件和断面形式，又可分为梁板式和平板式（图8-7c、d）。

当建筑设有地下室，且基础埋深较大时，可将地下室做成整浇的钢筋混凝土箱形基础，它能承受很大的弯矩，可用于特大荷载的建筑，如图8-7（e）所示。

8.2.2 按基础的材料和基础的传力情况分类

按基础材料不同可分为砖基础、毛石基础、素混凝土基础、毛石混凝土基础、钢筋混凝土基础等。

按基础的传力情况不同可分无筋扩展基础和扩展基础两种。

无筋扩展基础采用砖、灰土、三合土、毛石、毛石混凝土、混凝土等抗拉强度不高的材料建造，且不需配置钢筋的墙下条形基础或柱下独立基础。多适用于5层及5层以下（三合土基础不宜超过4层）砌体结构的一般民用建筑和墙承重的轻型厂房。图8-8为无筋扩展基础示意及基础高度的设计要求。

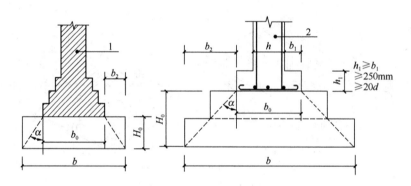

图 8-8　无筋扩展基础示意

d—柱中纵向钢筋直径

1—承重墙；2—钢筋混凝土柱

其基础高度应满足下式的要求：

$$H_0 \geqslant (b - b_0)/2\tan\alpha$$

式中　H_0——基础高度（m）；

b——基础底面宽度（m）；

b_0——基础顶面的墙体宽度或柱脚宽度（m）；

$\tan\alpha$——基础台阶宽高比 $b_2 : H_0$，其允许值可按表8-2选用；

b_2——基础台阶宽度（m）。

常用无筋扩展基础类型及使用范围如表8-3。

无筋扩展基础台阶宽高比的允许值　　　　　　　表 8-2

基础材料	质量要求	台阶宽高比的允许值		
		$p_k \leq 100$	$100 < p_k \leq 200$	$200 < p_k \leq 300$
混凝土基础	C15 混凝土	1：1.00	1：1.00	1：1.25
毛石混凝土基础	C15 混凝土	1：1.00	1：1.25	1：1.50
砖基础	砖不低于 MU10、砂浆不低于 M5	1：1.50	1：1.50	1：1.50
毛石基础	砂浆不低于 M5	1：1.25	1：1.50	—
灰土基础	体积比为 3：7 或 2：8 的灰土，其最小干密度： 粉土 1.55t/m³ 粉质黏土 1.50t/m³ 黏土 1.45t/m³	1：1.25	1：1.50	—
三合土基础	体积比 1：2：4～1：3：6（石灰：砂：骨料），每层约虚铺 220mm，夯至 150mm	1：1.50	1：2.00	—

注：1. p_k 为荷载效应标准组合基础底面处的平均压力值（kPa）；

　　2. 阶梯形毛石基础的每阶伸出宽度，不宜大于 200mm；

　　3. 当基础由不同材料叠合组成时，应对接触部分作抗压验算；

　　4. 基础底面处的平均压力值超过 300kPa 的混凝土基础，尚应进行抗剪验算。

扩展基础采用钢筋混凝土材料，为扩散上部结构传来的荷载，使作用在基底的压应力满足地基承载力的设计要求，且基础内部的应力满足材料强度的设计要求，通过向侧边扩展一定底面积的基础。扩展基础包括独立基础、条形基础、筏形基础、箱形基础等。如图8-9 为柱下独立扩展基础示意。

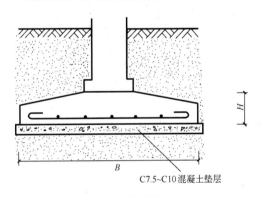

C7.5~C10混凝土垫层

图 8-9　扩展基础

常用无筋扩展基础类型及使用范围　　　　　　　表 8-3

	简图	适用范围和尺寸要求
钢筋混凝土基础	室外地面　室内地面 防潮层 ≥200 b_1 b 钢筋混凝土垫层 H B	1. 适用于地基土质较好且地下水位在基底以下的建筑；2. 基槽地面铺 20 厚的混凝土垫层；3. 砖基础大放脚按 b_1/H 容许值要求，采取二皮砖挑出 1/4 砖与一皮砖挑出 1/4 砖相间砌筑

简图	适用范围和尺寸要求

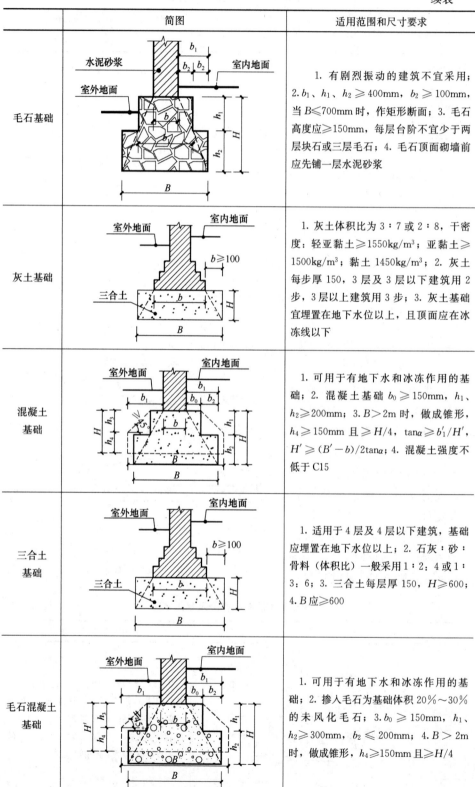

毛石基础

1. 有剧烈振动的建筑不宜采用；2. b_1、h_1、$h_2 \geqslant 400mm$，$b_2 \geqslant 100mm$，当 $B \leqslant 700mm$ 时，作矩形断面；3. 毛石高度应 $\geqslant 150mm$，每层台阶不宜少于两层块石或三层毛石；4. 毛石顶面砌墙前应先铺一层水泥砂浆

灰土基础

1. 灰土体积比为 $3 : 7$ 或 $2 : 8$，干密度：轻亚黏土 $\geqslant 1550kg/m^3$；亚黏土 $\geqslant 1500kg/m^3$；黏土 $1450kg/m^3$；2. 灰土每步厚 150，3 层及 3 层以下建筑用 2 步，3 层以上建筑用 3 步；3. 灰土基础宜埋置在地下水位以上，且顶面应在冰冻线以下

混凝土基础

1. 可用于有地下水和冰冻作用的基础；2. 混凝土基础 $b_0 \geqslant 150mm$，h_1、$h_2 \geqslant 200mm$；3. $B > 2m$ 时，做成锥形，$h_4 \geqslant 150mm$ 且 $\geqslant H/4$，$\tan\alpha \geqslant b_1'/H'$，$H' \geqslant (B'-b)/2\tan\alpha$；4. 混凝土强度不低于 C15

三合土基础

1. 适用于 4 层及 4 层以下建筑，基础应埋置在地下水位以上；2. 石灰：砂：骨料（体积比）一般采用 $1 : 2 : 4$ 或 $1 : 3 : 6$；3. 三合土每层厚 150，$H \geqslant 600$；4. B 应 $\geqslant 600$

毛石混凝土基础

1. 可用于有地下水和冰冻作用的基础；2. 掺入毛石为基础体积 $20\% \sim 30\%$ 的未风化毛石；3. $b_0 \geqslant 150mm$，h_1、$h_2 \geqslant 300mm$，$b_2 \leqslant 200mm$；4. $B > 2m$ 时，做成锥形，$h_4 \geqslant 150mm$ 且 $\geqslant H/4$

8.2.3 按基础的深浅分

按基础的深浅分为浅基础、深基础。浅基础包含无筋扩展基础、扩展基础、柱下条形基础、筏形基础、壳体基础、岩层锚杆基础等。深基础主要为桩基础。

桩基础由承台和基桩两部分组成（图 8-10）。

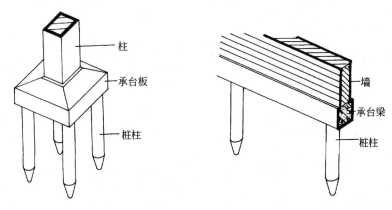

图 8-10　桩基组成

承台是在桩柱顶现浇的钢筋混凝土梁或板，上部支承墙的为承台梁，上部支承柱的为承台板，承台的厚度一般不小于 300mm，由结构计算确定，桩顶嵌入承台的深度不宜小于 50～100mm。

按桩身竖向受力情况，桩可以分为摩擦型桩和端承型桩两种；按桩的制作方法又可分为预制桩和灌注桩两类。

预制桩是把桩先预制好，然后用打桩机打入地基土层中。混凝土预制桩的截面边长不应小于 200mm，预应力混凝土预制实心桩的截面边长不宜小于 350mm。预制桩的分节长度应根据施工条件及运输条件确定；每根桩的接头数量不宜超过3 个。预制桩质量易于保证，不受地基其他条件影响（如地下水等），但造价高，钢材用量大，打桩时有较大噪声，影响周围环境。

灌注桩是直接在所设计的桩位上开孔，然后在孔内加放钢筋骨架，浇灌混凝土而成。与钢筋混凝土预制桩比较，灌注桩有施工快、施工占地面积小，造价低等优点，近年来发展较快。

复 习 思 考 题

1. 地基和基础分别指的是什么？
2. 作为建筑天然地基的岩土分为哪几种？
3. 浅基础和深基础的埋深区别是什么？
4. 无筋扩展基础的材料通常有哪些？
5. 桩基础由哪两部分组成？

主要参考文献

[1] 中国建筑工业出版社，中国建筑学会 总主编. 建筑设计资料集(第三版)，北京：中国建筑工业出版社，2017.

[2] 住房和城乡建设部执业资格注册中心网 编.《建筑材料与构造》全国一级注册建筑师考试培训辅导用书(第八版). 北京：中国建筑工业出版社，2012.

[3] 李国豪等 主编. 中国土木建筑百科辞典·建筑. 北京：中国建筑工业出版社，2009.

[4] 翁端，冉锐，王蕾. 环境材料学(第二版). 北京：清华大学出版社，2011.

[5] 徐峰，朱晓波，王琳. 功能性建筑涂料. 北京：中国化工出版社，2005.

[6] 中国建材网

[7] 中华人民共和国住房和城乡建设部，中华人民共和国国家质量监督检验检疫总局 联合发布. 民用建筑设计统一标准 GB 50352—2019. 北京：中国建筑工业出版社，2019.

[8] 中国建筑标准设计研究院，中国建筑设计研究院. 建筑模数协调标准 GB/T 50002—2013. 北京：中国建筑工业出版社，2014.

[9] 中华人民共和国公安部. 建筑设计防火规范 GB 50016—2014(2018 年版). 北京：中国建筑工业出版社，2018.

[10] 中华人民共和国公安部. 建筑内部装修设计防火规范 GB 50222—2017. 北京：中国计划出版社，2017.

[11] 中华人民共和国住房和城乡建设部，中华人民共和国国家质量监督检验检疫总局 联合发布. 无障碍设计规范 GB 50763—2012. 北京：中国建筑工业出版社，2012.

[12] 中华人民共和国住房和城乡建设部，中华人民共和国国家质量监督检验检疫总局 联合发布. 住宅设计规范 GB 50096—2011. 北京：中国建筑工业出版社，2012.

[13] 中华人民共和国住房和城乡建设部. 托儿所、幼儿园建筑设计规范 JGJ 39—2016(2019 年版). 北京：中国建筑工业出版社，2019.

[14] 有关规定、规范：屋面、地面、防水、装饰、砌体等工程施工及验收规范相关部分。